U0258570

更新知识地图　拓展认知边界

少年图文大历史

太阳系是由什么构成的

[韩]金孝珍 [韩]鲁孝真 著 [韩]宋东根 绘

韩晓 译 邹翀 校译

中信出版集团 | 北京

图书在版编目（CIP）数据

太阳系是由什么构成的 /（韩）金孝珍,（韩）鲁孝真著;（韩）宋东根绘;韩晓译. -- 北京：中信出版社, 2021.10

（少年图文大历史；4）

ISBN 978-7-5217-2937-5

Ⅰ. ①太… Ⅱ. ①金… ②鲁… ③宋… ④韩… Ⅲ. ①太阳系-少年读物 Ⅳ. ① P18-49

中国版本图书馆 CIP 数据核字（2021）第 044187 号

Big History vol.4
Written by Hyojin KIM, Hyojin NO
Cartooned by Donggeun SONG
Copyright © Why School Publishing Co., Ltd.- Korea
Originally published as "Big History vol. 4" by Why School Publishing Co., Ltd., Republic of Korea 2014
Simplified Chinese Character translation copyright © 2021 by CITIC Press Corporation
Simplified Chinese Character edition is published by arrangement with Why School
Publishing Co., Ltd. through Linking-Asia International Inc.
All rights reserved.
本书仅限中国大陆地区发行销售

太阳系是由什么构成的

著者：　　　[韩] 金孝珍　　[韩] 鲁孝真
绘者：　　　[韩] 宋东根
译者：　　　韩晓
校译：　　　邹翀
出版发行：中信出版集团股份有限公司
　　　　　（北京市朝阳区惠新东街甲 4 号富盛大厦 2 座　邮编　100029）
承印者：　　天津丰富彩艺印刷有限公司

开本：880mm×1230mm　1/32　　　印张：6.75　　　字数：128 千字
版次：2021 年 10 月第 1 版　　　　印次：2021 年 10 月第 1 次印刷
京权图字：01-2021-3959　　　　　　书号：ISBN 978-7-5217-2937-5
　　　　　　　　　　　　定价：58.00 元

大历史是什么？

　　为了制作"探索地球报告书"，具有理性能力的来自织女星的生命体组成了地球勘探队。第一天开始议论纷纷。有的主张要了解宇宙大爆炸后，地球是从什么时候、怎样开始形成的；有的主张要了解地球的形成过程，就要追溯至太阳系的出现；有的主张恒星的诞生和元素的生成在先，所以先着手研究这个问题。

　　在探索过程中，勘探家对地球上存在的多样生命体的历史产生了兴趣。于是，为了弄清楚地球是在什么时候开始出现生命的，并说明生命体的多样性和复杂性，他们致力于研究进化机制的作用过程。在研究过程中，他们展开了关于"谁才是地球的代表"的争论。有人认为存在时间最长、个体数最多、最广为人知的"细菌"应为地球的代表；有人认为亲属关系最为复杂的蚂蚁才是；也有人认为拥有最强支配能力的智人才是地球的代表。最终在细菌与人类的角逐战中，人类以微弱的优势胜出。

　　现在需要写出人类成为地球代表的理由。地球勘探队决定要对人类怎样起源、怎样延续、未来将去往何处进行调查，同时要找出人类的成就以及影响人类的因素是什么，包括农耕、城市、帝国、全球网络、气候、人口增减、科学技术和工业革命等。那么，大家肯定会好奇：农耕文化是怎样促使人类的生活产生变化的？世界是怎样连接的？工业革命是怎样改变人类历史的？……

地球勘探队从三个方面制成勘探报告书，包括："从宇宙大爆炸到地球诞生"、"从生命的产生到人类的起源"和"人类文明"。其内容涉及天文学、物理学、化学、地质学、生物学、历史学、人类学和地理学等，把涉及的知识融会贯通，最终形成"探索地球报告书"。

好了，最后到了决定报告书标题的时间了。历尽千辛万苦后，勘探队将报告书取名为《大历史》。

外来生命体？地球勘探队？本书将从外来生命体的视角出发，重构"大历史"的过程。如果从外来生命体的视角来看地球，我们会好奇地球是怎样产生生命的、生命体的繁殖系统是怎样出现的，以及气候给人类粮食生产带来了哪些影响。我们不禁要问："6 500 万年前，如果陨石没有落在地球上，地球上的生命体如今会怎样进化？""如果宇宙大爆炸以其他细微的方式进行，宇宙会变成什么样子？"在寻找答案的过程中，大历史产生了。事实上，通过区分不同领域的各种信息，融合相关知识，并通过"大历史",我们找到了我们想要回答的"宇宙大问题"。

大历史是所有事物的历史,但它并不探究所有事物。在大历史中,所有事物都身处始于 137 亿年前并一直持续到今天的时光轨道上,都经历了 10 个转折点。它们分别是 137 亿年前宇宙诞生、135 亿年前恒星诞生和复杂化学元素生成、46 亿年前太阳系和地球生成、38 亿年前生命诞生、15 亿年前性的起源、20 万年前智人出现、1 万年前农耕开始、500 多年前全球网络出现、200 多年前工业化开始。转折点对宇宙、地球、生命、人类以及文明的开始提出了有趣的问题。探究这些问题,我们将会与世界上最宏大的故事相遇,宇宙大历史就是宇宙大故事。

因此,大历史不仅仅是历史,也不属于历史学的某个领域。它通过开动人类的智慧去理解人类的过去和现在,它是应对未来的融合性思考方式的产物。想要综合地了解宇宙、生命和人类文明的历史,就必然涉及人文与自然,因此将此系列丛书简单地划分为文科和理科是毫无意义的。

但是,认为大历史是人文和科学杂乱拼凑而成的观点也是错误的。我们想描绘如此巨大的图画,是为了获得一种洞察力,以便贯穿宇宙从开始到现代社会的巨大历史。其洞察中的一部分发现正是在大历史的转折点处,常出现多样性、宽容开放、相互关联性以及信息积累的爆炸式增长。读者不仅能通过这一系列丛书，在各本书也能获得这些深刻见解。

阅读和学习"少年图文大历史"系列丛书会有什么不同呢？当然是会获得关于宇宙、生命和人类文明的新奇的知识。此系列丛书不是百科全书，但它包含了许多故事。当这些故事以经纬线把人文和科学编织在一起时，大历史就成了宇宙大故事，同时也为我们提供了一个观察世界、理解世界的框架。尽管想要形成与来自织女星的生命体相同的视角可能有点困难，但就像登上山顶俯瞰世界时所看到的巨大远景一样，站得高才能看得远。

但是，此系列丛书向往的最高水平的教育是"态度的转变"，因为通过大历史，我们最终想知道的是"我们将怎样生活"。改变生活态度比知识的积累、观念的获得更加困难。我们期待读者能够通过"少年图文大历史"系列丛书回顾和反省自己的生活态度。

大历史是备受世界关注的智力潮流。微软的创始人比尔·盖茨在几年前偶然接触到了大历史，并在学习人类史和宇宙史的过程中对其深深着迷，之后开始大力投资大历史的免费在线教育。实际上，他在自己成立的 BGC3（Bill Gates Catalyst 3）公司将大历史作为正式项目，之后还与大历史企划者之一赵智雄的地球史研究所签订了谅解备忘录。在以大卫·克里斯蒂安为首的大历史开拓者和比尔·盖茨等后来人的努力下，从 2012 年开始，美国和澳大利亚的 70 多所高中进行了大历史试点项目，韩国的一些初、高中也开始尝试大历史教学。比尔·盖茨还建议"青少年应尽早学习大历史"。

经过几年不懈努力写成的"少年图文大历史"系列丛书在这样的潮流中，成为全世界最早的大历史系列作品，因而很有意义。就像比尔·盖茨所说的那样，"如今的韩国摆脱了追随者的地位，迈入了引领国行列"，我们希望此系列丛书不仅在韩国，也能在全世界引领大历史教育。

李明贤　　赵智雄　　张大益

祝贺"少年图文大历史"系列丛书诞生

大历史是保持人类悠久历史，把握全宇宙历史脉络以及接近综合教育最理想的方式。特别是对于 21 世纪接受全球化教育的一代学生来讲，它显得尤为重要。

全世界范围内最早的大历史系列丛书能在韩国出版，并且如此简洁明了，这让我感到十分高兴。我期待韩国出版的"少年图文大历史"系列丛书能让世界其他国家的学生与韩国学生一起开心地学习。

"少年图文大历史"系列丛书由 20 本组成。2013 年 10 月，天文学家李明贤博士的《世界是如何开始的》、进化生物学者张大益教授的《生命进化为什么有性别之分》以及历史学者赵智雄教授的《世界是怎样被连接的》三本书首先出版，之后的书按顺序出版。在这三本书中，大家将认识到，此系列丛书探究的大历史的范围很广阔，内容也十分多样。我相信"少年图文大历史"系列丛书可以成为中学生学习大历史的入门读物。

大历史为理解过去提供了一种全新的方式。从 1989

年开始，我在澳大利亚悉尼的麦考瑞大学教授大历史课程。目前，以英语国家为中心，大约有 50 所大学开设了大历史课程。此外，在微软创始人比尔·盖茨的热情资助下，大历史研究项目团体得以成立，为全世界的青少年提供免费的线上教材。

如今，大历史在韩国备受关注。2009 年，随着赵智雄教授地球史研究所的成立，我也开始在韩国教授大历史课程。几年来，为促进大历史在韩国的传播，我们付出了许多心血，梨花女子大学讲授大历史的金书雄博士也翻译了一系列相关书籍。通过各种努力，韩国人对大历史的认识取得了飞跃式发展。

"少年图文大历史"系列丛书的出版将成为韩国中学以及大学里学习研究大历史体系的第一步。我坚信韩国会成为大历史研究新的中心。在此特别感谢地球史研究所的赵智雄教授和金书雄博士，感谢为促进大历史在韩国的发展起先驱作用的李明贤教授和张大益教授。最后，还要感谢"少年图文大历史"系列丛书的作者、设计师、编辑和出版社。

2013 年 10 月

大历史创始人　大卫·克里斯蒂安

David Christian

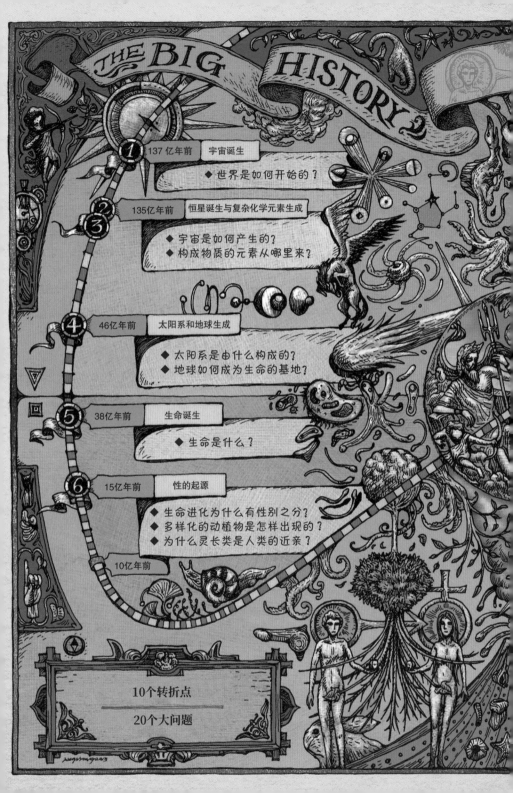

THE BIG HISTORY

① 137亿年前　宇宙诞生

◆ 世界是如何开始的？

② ③ 135亿年前　恒星诞生与复杂化学元素生成

◆ 宇宙是如何产生的？
◆ 构成物质的元素从哪里来？

④ 46亿年前　太阳系和地球生成

◆ 太阳系是由什么构成的？
◆ 地球如何成为生命的基地？

⑤ 38亿年前　生命诞生

◆ 生命是什么？

⑥ 15亿年前　性的起源

◆ 生命进化为什么有性别之分？
◆ 多样化的动植物是怎样出现的？
◆ 为什么灵长类是人类的近亲？

10亿年前

10个转折点

20个大问题

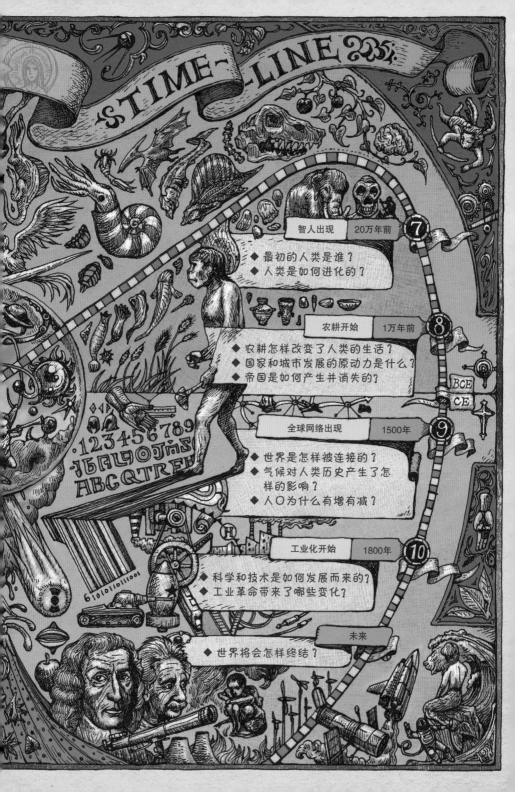

目录

太阳系

被称作太阳的恒星

 拓展阅读

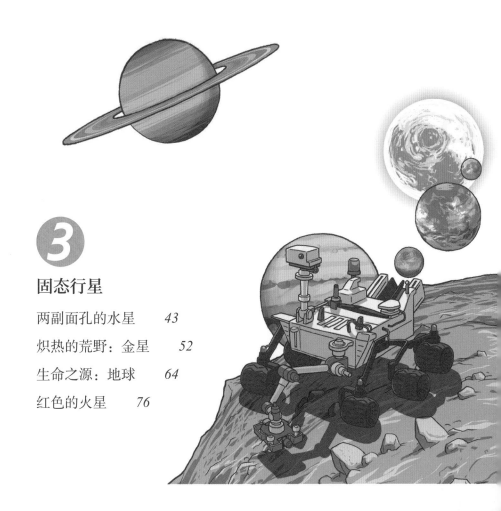

❸ 固态行星

气态巨行星

其他成员

 拓展阅读

6

寻找生命体

太阳系是由什么构成的

　　我是一名退休天文学家。1969 年，我见证了人类第一次登上月球，从而知道了位于我们头顶上的银河不是有龙生活着的江河（Mirinae，即银河系，该单词由表示"龙"的"Miri"和表示"流水"的"nae"组合而成）。世界顶尖的科学家们历经无数次失败后，最终才使人类艰难地到达了距离地球最近的天体——月球。从此，宇宙不再仅仅存于人类的想象之中，而是变成一个既有趣又危险的未知事物向我们走来。以光速移动十万年才能横穿夜空中闪亮的银河，而太阳系就位于距离这一巨大银河的中心约 26 000 光年的地方。

　　2013 年 9 月 12 日，美国国家航空航天局宣布 1977年发射的"旅行者 1 号"已经离开了太阳系。"旅行者 1

号"最初的目标是探索木星和土星，该目标已于1989年完成。此后，"旅行者1号"继续航行，标志着人造物体首次朝着不受太阳系影响的外太空飞去。

但"旅行者1号"真的能摆脱太阳系的影响吗？它现在所在的地方真的不受太阳的影响吗？所谓"旅行者1号"脱离了太阳系这一说法的前提，其实是将太阳风的影响不能到达之处认定为太阳系的尽头。但实际上，太阳重力作用的影响距离是太阳风所能影响距离的1 000倍。沦为矮行星的冥王星（Pluto，小行星编号为134340）所在的柯伊伯带和那之外的奥尔特云都受太阳重力的影响。因此，科学家们围绕何为太阳系尽头这一问题，至今争论不休。

太阳是太阳系中唯一会自己发光的星体（恒星）。受太阳引力的作用，行星围绕太阳进行公转。在太阳系的行星中，最适合生命体生存的就是地球。生活在地球上的有智力的生命体——人类，不断探索宇宙，并向太空发射宇宙探测器，用以探测太阳系中的行星。人们相信在这个巨大宇宙的某个地方，还有别的生命体存在。随着科学技术的发展，人类逐渐获取了更多有关宇宙的信息，但人们试图发现有智力的生命体的梦想不断遭遇挫折。"旅行者1号"传回来的信息说明，至少在太阳系里没有发现任何有智力的生命体。

不过，正因为"旅行者 1 号"的探索，我们揭开了覆盖在太阳系天体上的面纱。人们用"旅行者 1 号"、哈勃空间望远镜、射电望远镜、红外望远镜等科学设备，来探索宇宙的诞生，从而满足人类对宇宙的好奇心。人类还在寻找着答案：是什么构成了宇宙中的恒星、星系，星云中蕴含的元素如何受太阳等恒星的影响形成天体，以及行星上是否孕育着生命。在过去短短的 50 多年里，我见证了这一系列探索，以及人类经历了怎样的反复，不断寻找真相的历程。但对我来说，宇宙仍然是一个未知的世界。

最近，我又重新开始整理有关太阳系的信息，这源于一个秘密——20 年前我收到的一个信号。20 年后，我才意识到那是一个求助信号。

　　你是谁？我遇到麻烦了，我不知道自己身在何处。如果你接收到这个信号，那你就是距离我最近的一个生命体。你在哪儿？请帮我到达你所在的位置。

它是否还活着？现在才给时隔 20 年被解读出来的求救信号进行回复，是否合适呢？这个疑问让我非常苦闷。我们之间横亘着 20 年的岁月，说不定它已经朝别的星球出发，远离地球了呢？但是，我没有深陷苦闷太久，因为无数次推翻曾经确信的证明，再让我们有新的发现的地方不就是宇宙吗？宇宙——这一未知世界一路走过的历程就如同 1% 能够推翻 99%。于是，我怀着希望，微笑着向那信号发出了回应。也许现在它还在宇宙中的某个地方徘徊，而我要向它介绍我们的太阳和太阳系的成员，还要告诉它地球这颗行星上有能解读它的求救信号的朋友。

我就是能理解你的信号的生命体——人。我来自一个围绕着太阳这颗恒星构成的太阳系中的第三颗行星——地球。

太阳系

我们生活的地方

　　这个时隔 20 年才被解读出来的求救信号所抛出的问题让我既困惑又惊慌。最大的问题就是：到底应该从什么地方开始研究，就像划定考试范围一样，需要事先定下来从哪里开始进行说明和要说些什么。不能只在惊慌中消磨时间，答案可能就在眼前。我决定想得简单点儿，于是开始思考 20 年前那个生命体可能需要的东西。

　　它发出的信号来到我们生活着的地球，但我不知道这个信号经过多久才到达地球，于是决定把这件事往简单里想，假设它就在太阳系周围飘移。从整个宇宙来看，地球周围这一区域其实是个很小的范围，所以我决定把范围定为太阳系。它也可能会在更远的地方，但目前假设"它就在附近"，是最为简单明确的方案。只有这样才能如实回答"你在哪儿？"，才可以回答我们是谁，回答与太阳、地球等太阳系事物有关的问题。

当然，"它就在附近"这一假设本身也存在问题。因为"附近"这一说法本身就是不确定的。但"它就在附近"这一假设，让我的所有信息（它如此想到达的地方）都变得有意义起来。

我给它写的第一封信就是要说明：太阳系在宇宙中的位置。

太阳系在宇宙中的位置

人类所具有的重要特性之一，就是以自我为中心进行思考。这并不是断言人是自私的或者都崇尚个人主义，而是说人类喜欢对于各种现象以及与现象相关的客观证据，采用以自我为中心的方法来解释。这也适用于解读人类与太阳系相关的故事。也就是说，把太阳系当作宇宙的中心，正是我前面说的人类以自我为中心的这种思考方式。

简而言之，人们认为宇宙的主人就是生活在地球上的地球人，这是人类最普遍的想法。不过，满怀着对宇宙的梦想进行宇宙研究的我们，早已经知道太阳系不是宇宙的中心。如同我们地球人属于地球一样，太阳也属于被称为

宇宙中有数千个星系，太阳系只是宇宙的一部分

"银河"的星系。我假设它在宇宙中的位置可能与太阳系很近，这让我犹豫是否要向它发送太阳系及银河系所在的信息。不过，我的想法是：它可能需要更详细的信息。

　　我们所在区域的无数个像太阳一样会自己发光的星体的集合被称为银河系。几十个银河系量级的星系一起组成星系群，数百或数千个星系群又构成了星系团，分布在宇宙中。太阳所在的银河系也隶属于一个星系群，该星系

仙女星系。这张照片由 330 张表现 20 万光年的空间的照片组合而成，由包括大约 2 万个星体的高密度星团组成

椭圆星系
由数千亿个天体组成的椭圆形的星系。

旋涡星系
有旋臂的星系。河外星系大部分属于旋涡星系。仙女星系是很有代表性的旋涡星系。

群被称为"本星系群"。距离本星系群最近的星系团是室女星系团。星系团聚在一起，则组成"超星系团"。

距离地球约 5 400 万光年的室女星系团里有大约 1 300~2 000 个星系。室女星系团由椭圆星系与旋涡星系组成，是一个较为复杂的星系团。我们所在的银河系所属的本星系群就位于室女星系团的边缘位

置。本星系群中有包括银河系在内的大大小小50多个星系。这些星系中包括我们耳熟能详的仙女星系。本星系群的直径约为700万光年，其中心就位于银河系和仙女星系之间。

太阳系围绕银河系公转，自古以来在猎户臂和人马臂之间周期性地往返。太阳系围绕银河系公转需要 2.26×10^8 年，根据太阳的年龄来推算，太阳应该已经公转了25次。太阳在银河系里朝着天琴座中的零等星织女星以220千米/秒的速度，与银河黄道面形成60°角进行公转。

在地球上看到的银河。该图是在北半球与夜空成 90° 拍摄的银河，是将分别拍摄的照片合成而成的。这是一个由很多明亮的星体、黑色的尘埃带、红色的发射星云、蓝色的反射星云以及许多不太明亮的星体组成的星系群

太阳系的成员

99.86%——这一数值说明什么？在只有百分之百才能被称为"全部"的现代社会，超过 99% 的数值基本可以等同于全部或所有。并且，这一数值与其他任何数值相比，都具有巨大的影响力。99.86%，这是太阳在太阳系全部质量中所占的比重，是一个非常巨大的数值。这不仅说明太阳系围绕着太阳这颗唯一的恒星运转，还说明太阳巨大的质量产生的引力也支配着整个太阳系。

那么，除了占据 99.86% 的太阳之外，太阳系还有哪些其他成员呢？从物理学和动力学的角度来看，围绕太阳

转动的天体主要可分为行星、矮行星和太阳系小天体三种。行星呈球体，质量足以将公转轨道上所有比自己个头小的天体都"吸附"在自己周围。太阳系中有水星、金星、地球、火星、木星、土星、天王星和海王星八大行星。这些行星的质量总和在整个太阳系中微不足道。

根据行星的特性，可将太阳系中的行星分为类地行星与类木行星。类地行星的主要成分是固体，质地坚硬；类木行星主要由气体构成，虽然个头很大，但密度较低。

太阳系中有水星、金星、地

太阳系小天体
比行星和矮行星小，但也不是卫星，小行星和彗星就属于此类。

太阳系的行星和矮行星

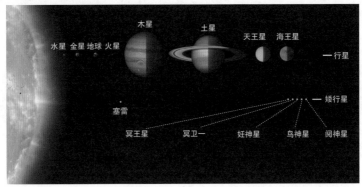

太阳系中有 8 颗行星。2010 年被剥夺了行星资格的冥王星是属于柯伊伯带的矮行星

球、火星 4 颗类地行星。在这 4 颗行星中，只有地球表面被主要由水构成的海洋覆盖。此外，矮行星中有由固体构成的谷神星，但构成成分主要是冰，与类地行星区别明显。像谷神星这样的矮行星被称为冰态矮行星。

与此相反，类木行星指的是以氢、氦等气体为主要构成成分的行星。太阳系有木星、土星、天王星、海王星 4 颗类木行星。不过，冰、水、甲烷的混合物在天王星和海王星构成成分中占据着相当分量，与主要由氢和氦为构成成分的木星、土星等存在显著差异，因而这两颗行星被单

类地行星的内部构造

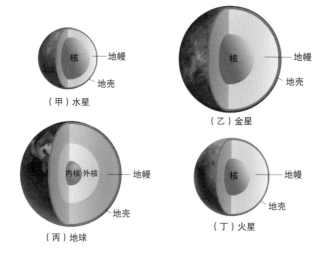

（甲）水星

核 —— 地幔
地壳

（乙）金星

核 —— 地幔
地壳

（丙）地球

内核 外核 —— 地幔
地壳

（丁）火星

核 —— 地幔
地壳

研究发现类地行星的核由固体或液体组成。目前没有观察到火星和金星核内有磁场，其内核可能完全是固体

独称为"冰巨星"。类木行星的共同特征是都带有行星环。

此外，太阳系有一个巨大的小行星带。小行星带位于火星和木星之间，距离太阳 2.3~3.3AU（天文单位）。这些行星在形成之初受木星重力的影响没能结合在一起，被认为是没能生成行星的天体。小行星主要由岩石和金属等不具有挥发性的矿物构成。小行星的大小各不相同，大到数百千

类木行星的内部构造

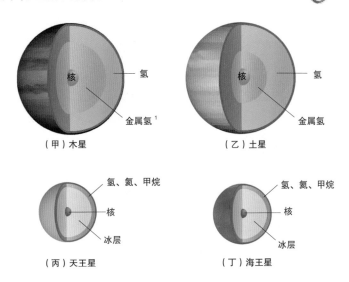

（甲）木星

（乙）土星

（丙）天王星

（丁）海王星

类木行星（气态巨行星）的内核含有丰富的铁。核心一般占据行星半径的 20%~75%，类木行星核的占比虽比类地行星小，但实际核心的大小却比地球大

米，小到尘埃。但主小行星带的天体非常分散地围绕太阳运动，探测器可以周期性通过这里，但不会引起碰撞。

另外，太阳系的外侧有一个和小行星带类似的、由碎

1　金属氢指低温高压下具有金属导电性的液态氢。——编者注

位于火星和木星之间的小行星带的想象图

片组成的巨大的柯伊伯带，它的主
要构成物质是冰，这是与小行星带
的不同之处。据推测，柯伊伯带的
大小为 48~50AU 到数百 AU。柯
伊伯带由在 46 亿年前太阳系生成
时没能成长为行星的天体组成。这

AU（天文单位）

AU（Astronomical Unit）
曾以太阳与地球之间的平
均距离定义，1AU 约为
1.496 亿千米，它是用于表
现天体距离的单位之一。

太阳系的结构

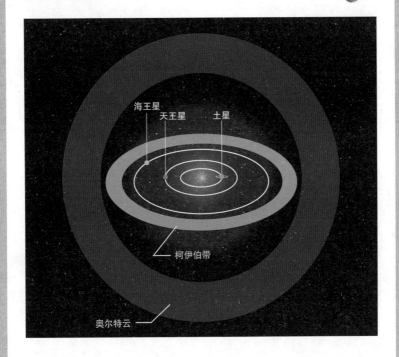

据推测，柯伊伯带位于太阳系的边缘，奥尔特云环绕着太阳系

些小天体与行星的不同之处在于，它们主要由冰和陨石组成，并形成巨大的带状区域，围绕着太阳转动。

奥尔特云指的是环绕着太阳系的天体集合。荷兰科学家奥尔特认为有一个长周期彗星和短周期彗星频生的地带，因而该地带的云团用奥尔特的名字命名。奥尔特云可分为内外两部分，内侧距离太阳系约 1.6 光年。有关奥尔特云的大小目前还存在争议，一些天文学家认为其始于柯伊伯带的外侧，结束于太阳引力与其他星体引力趋于平衡的地方（约 10^5AU）。

据推测，大部分由冰块或尘埃组成的奥尔特云中的天体体积都很小，质量也不大。尤其是奥尔特云的外侧部分存在的天体数量相对于其所在空间来看非常稀少，可以说与一般云层无异。当然，由于奥尔特云距离我们太远，体积也太小，我们还难以观测到它的存在。不过，我们也只是暂时无法对其进行观测，但根据彗星的轨道半长轴和轨道倾角，也就是行星的轨道平面和参考平面之间的角距离，我们基本可以确定奥尔特云的存在。

轨道半长轴

椭圆轨道中有最长的半径（长半径）和最短的半径（短半径）。轨道半长轴指的是椭圆轨道中最长的半径。

太阳系的生成原理

我忽然产生了一个疑问：太阳系最初到底是怎样生成的呢？这一问题基本上等同于恒星是如何诞生的，因为恒星的诞生意味着太阳系的诞生。我对此感到非常好奇。我们所认为的太阳系的诞生是否有别于事实，地球人所认为的太阳系的诞生是否准确？这样就可以向它再传送一条消息，即我对太阳系是如何产生的这一问题所有的疑惑，这也是人类共同的疑惑。

从很久以前开始，人们就开始探索太阳系的起源。古代的人们就已经知道了太阳对人类有重要的影响，因而崇拜太阳。希腊神话中被称为"太阳神"的阿波罗就是全知全能的神。几个世纪以后，太阳走下了神坛，作为一个天体为人所知。学者们按照科学的方法，将太阳系的起源分为了小行星说、潮汐说和星云说。

但随着科学的进步与不断的积累，新的发现往往使过去的假说被废弃。以发达的观测技术和新的宇宙理论为基础，人们构建了有关太阳系起源的有说服力的模型。简而言之，早期星云引力不稳定，导致其内部崩溃，从而形成恒星，然后使太阳系得以诞生。当质量巨大的恒星产生后，受其引力作用的影响，周边的天体开始了轨道运动，数亿年后形成了几个行星公转的状态。这就是该模型的核心内容。

更仔细地来回顾一下太阳系的生成理论，我们会发现在大约137亿年前大爆炸之后的宇宙里，最轻的元素氢和氦形成了微量的锂。其他元素也在恒星产生和消亡的过程中不断生成。恒星内部发生的核聚变反应制造了氢和氦以外的元素，比铁还重的物质则是在恒星消亡后出现的超新

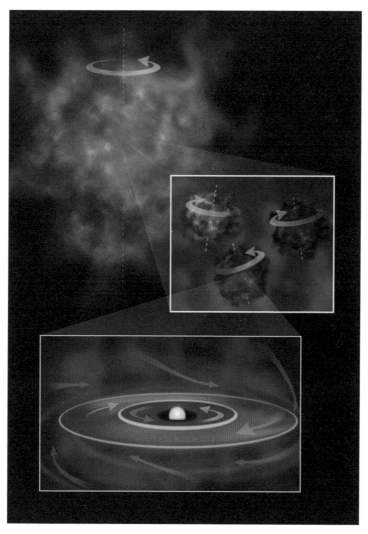

太阳系形成模拟图。太阳诞生于早期的星云，经过数亿年，形成了各个行星以太阳为中心进行公转的太阳系

星爆发时生成的。

太阳系中存在的比铁更重的物质，也是由恒星消亡时抛撒的星际物质形成的。大约 46 亿年前，银河系旋臂之间的星际云爆发，产生了超新星，超新星产生的冲击波使星云的密度增加，到了一定程度，发生引力坍缩。其中的大块天体就成了原始的太阳。

由冰冷的星际物质形成的原始太阳，由于引力坍缩而变得越来越热，太阳内部的核聚变反应也使太阳越来越热。温度逐渐升高的星际物质蒸发后与周边的气体混合，随着时间的流逝，温度降低，混合的气体冷却，凝固成固体颗粒。这些固体颗粒相互结合，变成小行星大小的天体，我们把它们称为"微行星"。它们与别的物体碰撞，体积变大，引力增加，最终成长为行星。

距离原始太阳中心约 4AU 远的地方生成了气态巨行星（木星、土星、天王星、海王星），气态巨行星的周围生成了小规模的转动圆盘。于是，各个行星的卫星就在这里诞生了。

距离原始太阳约 4AU 的内侧的微行星体，主要由硅酸盐矿物和金属组成，它获得了更多的太阳能源，即便有冰或挥发性气体凝结，温度也不会下降。这些微行星的运转速度快，成为与气态巨行星不一样的类地行星（水星、金星、地球、火星）。其余少数小岩石块在火星和木星之间寻找稳定的轨道，据推测就是它们形成了小行星带。有人认为在这样形成的类地行星中，金星由于与微行星体的碰撞改变了自转方向，而月球则是地球被碰撞后，一部分脱离自身形成的。

截至 20 世纪 90 年代，太阳系的形成原理都被当作行星的形成原理。但 20 世纪 90 年代以来，科学家们发现了与太阳系的行星形态完全不一样的行星。人们普遍认为在离位于中心位置的恒星较近的地方有和地球密度差不多的小型行星，但经观测发现恒星周边有类木行星在公转。这一发现颠覆了以往人们对于恒星系的认知，后来观测到的其他星系的行星构成情况，反而证实了太阳系中的行星构成是宇宙中的一种特殊现象。

其实，在科学史上经常出现这样的反复。每个时代的主要理论或假说可能适用于某种普遍原理，一旦出现某一例外，其普遍性就会受到质疑。我们所坚信的太阳系生成原理一度被当作宇宙里的范式，而随着新发现的出现，这一认知正在被颠覆。当然，现在仍有很多科学家为探明恒星系的生成原理而不分昼夜地努力工作。著有《科学革命的结构》的托马斯·库恩认为，不是在对以往科学知识的修订的过程中产生了新理论，而是在推翻以往的理论，建立新理论的过程中实现了科学革命。我们现在所坚信的太阳系的生成原理或大爆炸理论也是如此，它们可能会在某一瞬间被打破，然后形成新的范式。这也许就是科学最有趣的地方。

新范式的出现虽然可能会导致科学革命，但这并不意味着我们之前的科学史就完全消失了。它就像各国的远古传说或希腊、罗马神话一样，都是历史的产物。如果因为那个时代的科学和人类的想象力不适合现代科学，就随意将其废弃，那就等于忘却了那一时代的历史。就算那个结论是错的，但其中也包含了通过当时合理的思考和推论来理解宇宙、自然和人类的智慧。

热木星

　　1995年，日内瓦天文台的梅厄和奎洛兹带领的瑞士观测小组发现了围绕主序星飞马座51运转的气态巨行星。如果用太阳系来类比的话，该行星轨道与中心恒星的距离，大约只是太阳系内水星到

热木星想象图。即便是不受恒星光照的一侧也因自身带有的热量而呈现红色

太阳距离的 1/8（约 7.5×10^6 千米，0.05AU），绕着中心恒星公转一周只需要 4.2 天。这比太阳系中的气态巨行星木星距离太阳更近。

热木星指的是存在于太阳系之外的行星中，距离中心恒星的距离小于等于太阳系中太阳与地球之间距离的 1/10，能以非常快的速度进行公转的、拥有木星级别质量的气态巨行星。热木星距离恒星很近，公转时从恒星那里获得极高的热量，预计其表面温度非常高。继 1995 年飞马座 51b 第一次被发现以来，人们不断确认了热木星的存在。热木星的发现使把太阳系的生成原理当作普遍的行星生成原理的天文学界发生了变化，也使人们注意到，可能太阳系的行星模式才是一种特殊的现象。

2

被称作太阳的恒星

我们的能源

苦闷的时间来了，那只是单纯的、根本的苦闷。我到底是在跟谁联系，这是不是现实，我对那个生命体的信号解读得正确吗？……我所整理的信息，包括银河和太阳系的诞生，还有它的位置，是否对它有一点帮助？

如此，我时常陷入混沌之中。细想一下，我向它单方面发出的信号可能与我所知道的宇宙的情况是相似的。至今没有人去过的未知的宇宙，谁都没去过的宇宙诞生之时有无数的秘密，我所知道的太阳也是如此。可能就像我无法看清完整的宇宙一样，太阳对于我来说也是未知的领域。

太阳是我们唯一能够看到其表面的恒星。正因如此，它是让我们能够正确理解宇宙，并让我们在自身附近寻找

太阳的一生

星云　原恒星　主序星　红巨星　行星状星云 白矮星 黑矮星

生成于约 46 亿年前的太阳，现在正处于主序星阶段

到答案的恒星。设想一下如果没有太阳会怎么样？太阳系
中的行星还能存在吗？我们生活的地球上还会有生命体
吗？只就生命体的存在来说，太阳就至关重要。此外，在
寻找其他星球与生命体方面，太阳也起着决定性的作用。
因为科学技术的发展，我们得以了解和观测太阳的表面和
大气，并得知其他的恒星也有黑点和炽热的表面大气。太
阳的年龄、大小、质量等数值体现出的很多物理量和太阳
内部与大气的关系等相关资料，使我们可以调查其他星球
并获得相关信息。这也是我们了解太阳之外的其他恒星，
知道它们是怎么产生的、如何进化而来的重要基础。并
且，这在为了解太阳，从而获得太阳系的行星及其成员的
相关信息方面也有帮助。因而我们有必要深入讨论一下太

阳，这太阳系中唯一会发光的恒星，可能会对它有很大的帮助。鉴于此，我要向其展示如里程碑一般的太阳。

燃烧的星球——太阳

生成于大约 46 亿年前的太阳，其寿命大约为 100 亿年。太阳距离地球约 1.5×10^8 千米，是生命体赖以生存的能源。太阳的直径约为 1.4×10^6 千米，是地球的 109 倍，质量是地球的 30 万倍。但巨大的太阳却是一个气体星球。太阳重量的约 3/4 由氢组成，其余的氦和少量的钠、镁、铁等也均以气体状态存在。太阳的表面温度有 6 000 开尔文（K），中心部位的温度有 1.5×10^7 开尔文。在太阳释放的巨大的能量中，每天大约有二十亿分之一左右传送到地球，其中的 70% 被地球表面吸收。

位于太阳系中心的太阳是距离地球最近的恒星。在太阳系中，地球等很多行星、小行星、彗星等天体围绕着太阳转动。在地球上看到的太阳好像沿着黄道移动，这是因为地球沿着太阳周围的轨道公转。地球除了绕太阳公转之外，每天还自西向东进行一次自转，所以在地球上看到的太阳，会从东方地平线上升起，在西方地平线上落下。

与地球自转不同的是，太阳的自转带有特定的方向性。太阳黑子的位置每天都在有规律地移动，太阳在赤道附近以 25.6 天左右为一个周期进行自转。但太阳不像地球一样总是以固定的角速度自转。它在赤道附近转动较快，在极地附近最慢，自转周期为 35 天。太阳这样的自转方式被称为"较差自转"，该特征还出现在太阳系中的气态巨行星，比如木星和

角速度
描述物体转动的速度，以及该转动发生时的转动轴方向。即物体在单位时间内转过多少角度以及转动方向的赝矢量。

主序星
恒星一生中最为稳定的时期。

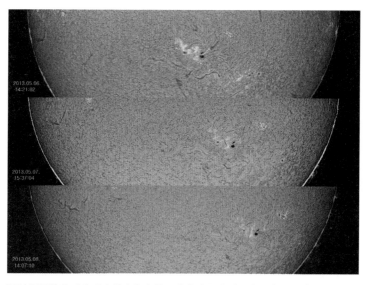

通过黑子的移动来观察的太阳自转。站在太阳上看，太阳自西向东进行自转。不过站在地球上看，太阳则是自东向西自转。黑子的移动方向是站在地球上所观测到的移动方向，太阳的自转方向是站在太阳上所观测到的自转方向。因此我们说，太阳的自转方向是自西向东，黑子的移动方向是自东向西

土星上。

太阳大部分由氢组成。在高温环境中，氢的质子和电子分离。在高温的太阳内部，失去电子的质子与氚（氢的同位素之一，由 1 个质子和 2 个中子组成）相遇，通过核聚变反应生成氦。在此过程中，由于质量减小而产生巨大的能量。像这样通过内部的核聚变反应而发光的恒星被称为主序星。太阳已度过了一半主序星阶段的时间，等到 50 多亿年后，其内部的氢消失殆尽，就会进入红巨星阶段。

重元素
除去氢和氦的一切元素被称为重元素。

太阳属于第三代恒星，重元素丰富。比起第二代恒星，太阳中重元素的比例更高。据推测，这些元素大部分由超新星爆发产生，质量巨大的第二代恒星内部通过吸收中子发生核反应。太阳不像坚硬的行星一样有明确的边界，不过它最外侧的温度较低，不能发光，因而我们把肉眼能观测到的区域定为太阳的表面。与边界不明显的边缘部分不同的是，太阳内部由能明确区分性质的层组成。

太阳

下面的照片是把太阳动力学观测卫星于2012年4月16日起1年的时间里用远紫外线拍摄的25幅照片组合制作而成的。这些照片是在高达6×10^5开尔文的太阳日冕中,从高离子化铁中复制出的特定波长的图像。它展现的是在赤道周边的太阳活动区域,因磁场流动产生发亮的冕环,还有每11年到达太阳极大期时就会被大量观测到的太阳黑子。

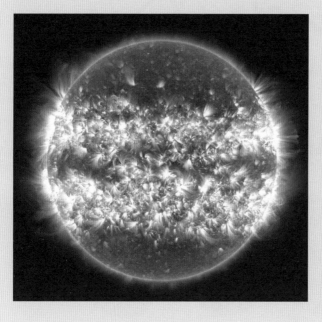

氢的核聚变反应

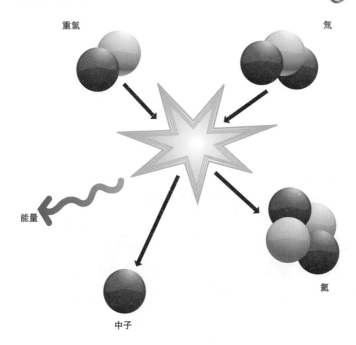

重氢

氚

能量

中子

氦

在星体的中心，重氢和氚聚合成氦，而释放能量。

$$H^2 + H^2 \rightarrow He^4 + E=\triangle mc^2$$

两个氚核变成一个氦核之后质量减小，减小的质量转化成巨大的能量释放出来。

太阳的结构

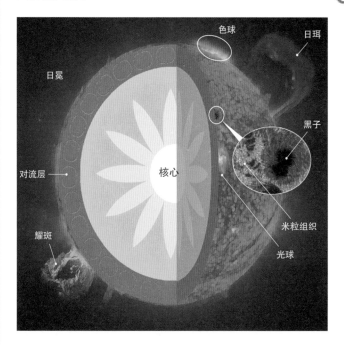

核心：太阳的中心，这里发生核聚变反应，温度约 1 360 万开尔文。

对流层：核心与表面之间存在温度差异，炽热的气体在这里循环。

光球层：太阳的薄表面，表面温度约 6 000 开尔文。

黑子：太阳光球上的黑色斑点，相比其他部分，温度较低，亮度也黯淡 40%。每 11.2 年，黑子数量发生一次变化。

米粒组织：由于对流现象产生的花纹，上升的地方明亮，下降的地方黑暗。

耀斑：炽热的气体向宇宙中强势喷出，受此影响，地球上出现极光现象。

日珥：从太阳表面垂直伸展出的火柱，可以在日食的时候进行观测。

色球层：是位于太阳光球层正上面的较薄的大气，从视觉上看比光球层更透明，厚度约为 2 000 千米。

日冕：位于太阳大气外层的气体层，温度从大约 100 万开尔文到 300 万开尔文。

地球的力量——太阳活动

希腊神话中伊卡洛斯的故事说明了太阳与地球之间存在适当的距离。用蜡烛油给自己粘贴上翅膀，从而逃离克里特岛的伊卡洛斯，无视父亲让其不要靠近太阳的警告，朝着太阳飞去。结果，烛油受热融化，翅膀脱落，伊卡洛斯最终掉到海里淹死了。伊卡洛斯的神话故事告诉我们，只有太阳和地球之间保持一定的距离，才能保证地球上生命体的存续，这也是生命体存在的重要条件。

地球是已确定的唯一有生命体存在的地方。太阳中心通过核聚变反应产生的热量形成光源，一直辐射到地球。太阳光到达地球需要 8 分钟，地球获得太阳光并加以使用。到达地球的太阳能通过植物的光合作用合成有机物，再转换成能量，在生态系统里循环移动。此外，由于地球与太阳之间存在一定的距离，因此可确保地球上液态水的存在，这对地球的温度也起到调节作用。

但太阳与地球之间的距离也不总是对我们有利。这一距离有时反而会使我们受到威胁。太阳活动中最为人熟知的便是黑子爆发，强烈的黑子爆发可能会给地球带来巨大的威胁。2012 年 10 月 23 日发生的 3 阶段太阳黑子爆发，就导致韩国的短波通信受到 30 分钟的干扰。

地球与太阳不同，无论在哪里，它的自转轨道都是一

太阳的磁场

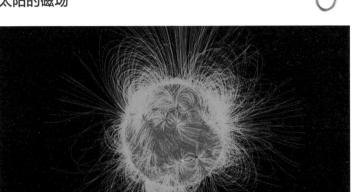

太阳的磁场受较差自转的影响，向外释放数千亿束磁力线，形成磁场

样的，也就是说无论是地球的北极还是南极，都秩序井然地释放地球的磁场。与此相反，太阳的磁场不固定。这是由前面所说的较差自转引起的。从太阳赤道上来看，太阳自转需要25天，但从赤道向两极延伸，最长的自转时间为35天。

3 阶段太阳黑子爆发

国际规定，太阳风暴预警的等级有5个，分别是：
1 阶段一般，2 阶段关注，
3 阶段注意，4 阶段警戒，
5 阶段严重。

由于太阳上不同的地方拥有不同的自转周期，造成等离子的无序释放。磁力线也就相互纠缠在一起。

如此复杂的太阳磁场集中在狭窄的区域，当受到磁力线的影响时，表面上不能实现平缓的对流，一部分地区比周边温度低，看起来发黑。这就是太阳黑子，太阳黑子比周边温度低1 000开尔文左右。

有时黑子周边会释放巨大的能量，造成大爆炸，这被称为耀斑。耀斑发生时，位于太阳表面最外缘的日冕中磁场的一部分破碎，放出放射性等离子体。这时，太阳风的流动分裂，大量的电磁波和高能粒子及气体被释放到宇宙空间中。这些物质改变着太阳系的环境。

现在依然不断发生的耀斑和日珥等太阳表面的爆发现象引起的太阳风，几天就会到达地球。耀斑或黑子发生后被人眼观察到需要8分钟，而这些物质来到地球则需要1~2天。特别是带有电磁特性的粒子会搅乱地球磁场，引起电磁风暴，在极地地区产生极光现象，也会对地球环境产生影响。人类需要通过地球天气预报，注意太阳的变化。

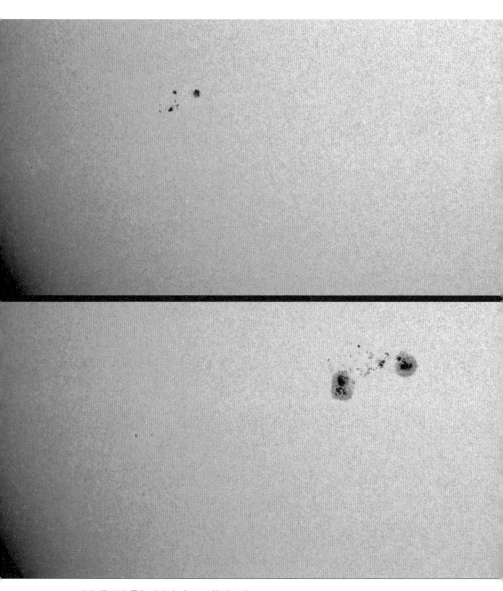

太阳黑子比最初（上）大了两倍（下）

天体名称中的规律

我们所知道的太阳系中的行星的名字，都来源于希腊、罗马神话。为什么会这样呢？古代希腊-罗马文化圈里生活的人非常崇拜神祇。他们认为在夜空中闪烁的星星非常神圣，于是开始用自己所信仰的神来给它们命名。不过，夜空中的恒星、星座、行星和卫星的数量要比神话里的神多得多。近代人们发现的大量行星或卫星就更加无法用神的名字来命名。观察者和学者的苦闷也来源于此。

忙着给天体起名的学者不仅翻遍了希腊、罗马神话，连北欧神话都找了出来，甚至还关注到了古典文学。人们给20世纪以来大规模发现的卫星起了天卫五（米兰达）、天卫一（阿里尔）、天卫二（乌姆柏里厄尔）、天卫三（泰坦妮亚）、天卫四（奥伯龙）等名字。这些名字来源于莎士比亚的戏剧和亚历山大·蒲柏诗歌中的主人公。虽然古典文学中的主人公们暂时承担起了充当卫星名字的责任，但随着人类的

观测领域深入其他恒星系及其成员，给这些星星起名
又成了科学家的新苦恼。

另外，彗星的名字从学术角度可分为长周期彗星
（包括非周期彗星）和短周期彗星，一般根据发现的
年代、字母和数字或发现者的名字命名。如 C/2009
F6 Yi-SWAN 彗星是在 2009 年被发现的，一年以 15
天为单位被分割开来，用字母表示，字母"F"意为

3 月，"6" 指的是该年度发现的第六颗彗星。"Yi-SWAN" 中的 Yi 是发现者李大岩的姓，该彗星最早是在韩国发现的。

　　小行星的命名也遵循与彗星一样的规则，不同的是，可在小行星名字中加上发现者想加入的单词。韩国发现的小行星有以许浚或蒋英实等韩国名人命名的，也有用发现者的爱犬名字命名的。如果你发现了一颗小行星，你想给它起什么名字呢？给宇宙成员起名，让我们感觉离宇宙更近了一步。

固态行星

地球和它的兄弟们

　　有关太阳的信息传输完毕，感觉终于爬过了眼前的大山。其实不过是为了让大家了解地球所在的太阳系，才向大家介绍了唯一的恒星。有关太阳系的其他成员，以及一定要向大家介绍的地球的信息，现在还没有开始呢！

　　太阳系里共有 8 颗行星围绕太阳转动，依次为水星、金星、地球、火星、木星、土星、天王星和海王星。根据这些行星的表面成分是岩石还是气体，可将其分为固态行星和气态巨行星。再根据两种分类中最有代表性的一个行星，将固态行星称为类地行星，将气态巨行星称为类木行星。根据距离太阳的远近，行星表面也呈现出各自不同的形态。太阳系形成之时，距离太阳较近的行星受太阳引力的影响，被掠走了一些较轻的气体成分，只剩下密度高的岩石。反之，距离太阳较远的行星相对来说受太阳引力的影响较小，从而保留了大量气体成分。行星的表面成分对生命体的存在与否影响巨大。在没有坚硬表面的气态巨行星上，生命体无法立足，因而基本没有生命体存在的可能性。

首先要向大家介绍的是固态行星，也就是类地行星。类地行星形成于太阳系之初。存在于太阳系的无数微行星聚合形成行星。它们距太阳较近，在高温状态下，液态的挥发性分子无法被压缩，因而它们主要由铁、镍、铝及硅酸盐等熔点较高的物质组成。这类行星有水星、金星、地球和火星。

它们生成时的环境类似，生成初期的行星形状可能也类似，不过现今的类地行星的面貌相互差距很大。远看可能类似，但如果不了解每个行星的特征，就会引发一定的风险。之前我们为了解行星的样貌，向宇宙发射了无数的探测器，不过，信息不足也导致我们损失了很多探测器。在探险初期，人们曾经期待通过发射探测器在与地球类似的火星上发现火星人，但这一期待逐渐破灭。后来，人们才意识到每个行星都进化成了完全不同的模样。因此有必要告知那个发信号的生命体有关行星的详细信息，说不定它更适合于生活在火星上呢。

两副面孔的水星

水星距离太阳约 5.8×10^7 千米，距离地球约 9.2×10^8 千米，是八大行星中距离太阳最近的一个。根据开普勒第三定律，水星的公转周期为 88 天，是太阳系所有行星中最短的。由此看来，水星以罗马神话中行动最快的传令神墨丘利为名，就非常说得通了。水星距离太阳最近，也许能更快地传递来自太阳的信息，但因为太阳的强光，我们很难在天空中看到水星。

水星的直径为 4 900 千米，不到地球的一半，质量是地球的 1/18，大小、质量都是太阳系行星中最小的。物体的质量越大，引力越大，而水星的引力很小，不足以抓住大气。地球大气密度的涨落可以散射光，使地球的天空呈现蓝

开普勒第三定律
行星绕着太阳转一圈所需时间的平方与行星轨道半长轴的 3 次方成正比。也就是说，轨道半长轴越短，公转所需时间就越短。

公转轨道离心率
行星的公转轨道是椭圆的，轨道离心率就是椭圆歪斜的程度。离心率数字越小，轨道越接近圆。

色。水星距离太阳近，但没有大气，无法散射光，所以水星看起来是黯淡的。在水星上，无论白天或黑夜都能看到太阳。它的公转轨道很特别。距离太阳最远的半长轴有 7×10^7 千米，最短的半短轴是 4.6×10^7 千米，公转轨

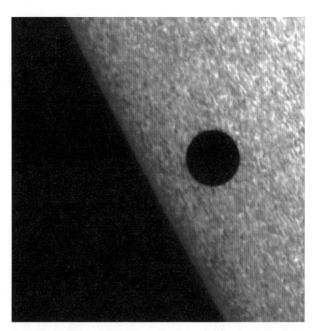

经过太阳和地球之间的水星。2006 年 11 月，日本的卫星观测到了水星，也就是图中地日连线上的点。大小是太阳的 1/194

道的离心率为 0.2056，是太阳系中最大的一个。公转轨道接近于圆的金星的公转轨道离心率为 0.0067，是水星的 1/31。离心率高的水星距离太阳远和距离太阳近的时候，温差很大。

水星的密度为 5.4 克 / 厘米 ^{3}，仅次于地球，大小、地貌与月球类似，构成成分差异却很大。因其密度较大，可推测其内核可能含有大量较重的铁和镍。地球的核占地球整体体积的 17%，水星的核则占其整体体积的 42%。通

水星上有个奇怪的时间概念，那就是绕太阳转两圈才算一天

过这样沉重巨大的核，可以推测水星的起源。科学家们推测水星形成之初可能与微行星发生过碰撞。受此碰撞，质量重的物质与核心结合，外部质量较轻的物质和残骸则飞向了宇宙空间。水星也与地球一样，核心的外部有一层地幔，现在几乎不活动了，引起地质活动的内部对流处于停滞的状态。对流停滞，火山或地震等地质活动也就停止了。尽管有人将水星称作"死去的行星"，但水星上还是有很多有趣的现象。

地球的自转周期是一天，公转周期约为一年。地球上白天黑夜形成的一天与春夏秋冬交替的一年相比，自然是比较短的。然而水星的公转周期是 88 天，自转周期是 58.6 天，是太阳系中最慢的一个。水星的公转周期和自转周期受太阳潮汐力的影响，自转速度慢，形成共振态。由此，水星两次的公转周期中一次是白天、一次是黑夜，因而水星上一天的时长相当于地球的 176 天。水星公转周期是 88 天，就是说水星一天绕太阳转两圈。因此在水星上有两年等于一天的奇怪的时间概念。这是由于太阳引力妨碍了水星自转而导致的现象。

共振态
水星的自转周期变长，与公转周期达成 2 : 3 的比例时，就不会再变更轨道了。

水星的公转轨道受离心率的影响，在水星上会发生一些有趣的事情。假设我们站在水星距离太阳最远的远日点上看日出，在地球上看到的水星就是太阳的 2 倍大。水星在公转轨道上走过一半，到达近日点时，就到了正午。这时在水星上看到的太阳比在地球上看到的要大 3 倍，太阳的热辣能被真实感受到，等到公转再回到远日点才能看到日落。

20 世纪 70 年代，人类开始了真正的宇宙探索。由于水星距离太阳实在太近，要想让探测器登陆不是一件易事。当时的宇宙探索主要任务是登月和探索火星上是否有

"水手 10 号"飞行器拍摄的水星地貌，与月球表面非常相似

生命体，没有预算用于探索水星。在研究如何以小额费用探索水星的过程中，人们确信如果金星和水星相遇的时机合适，就可以利用引力弹弓效应前往水星。首个利用引力弹弓效应的探测器的发射，是人类宇宙探索史上一个重要的挑战。如若不能借助金星的引力，不仅到不了水星，还可能会去到奇怪的地

引力弹弓效应
利用行星的引力场变更飞行器路线的方法。飞行器受行星引力场变化的作用突然"弹出"，从而改变速度与轨道。

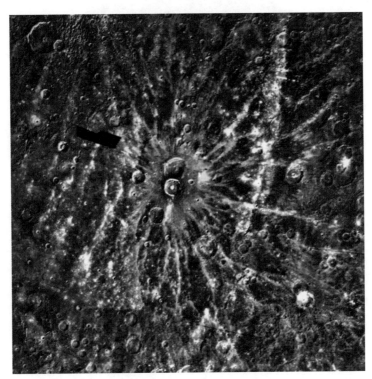

"水手 10 号"观测到的水星表面，到处是被碰撞的痕迹

方。这就需要无比缜密的计划。1973 年，人们按计划向金星发射了"水手 10 号"。3 个月后，"水手 10 号"成功实现运用引力弹弓效应飞向水星，4 个月后掠过了水星。这是人类向距离地球遥远的类地行星的探索中具有里程碑意义的事件。

掠过水星上空 327 千米的"水手 10 号"，后来又有两次飞近水星，共拍摄了 8 000 余张照片，并将其传送回地球。看到"水手10号"发送回来的照片，科学家们非常怀疑自己的眼睛。水星上到处都是布满伤痕的荒凉的土地，看起来跟月球无异。被无数的环形山覆盖的水星，白天的温度可达467℃，非常炽热，晚上的温度则低到冰冷的零下183℃。昼夜温差超过600℃，是太阳系中气温日较差最大的行星。这么说来，水星是太阳系中很有特点的一颗行星，个头儿最小，公转周期最短，自转周期合一天的时间最长，基本打破了所有的纪录。

水星上覆盖的荒凉的土地一望无际。水星虽然表面坚硬，但与其他类地行星的颜色完全不一样。难道是因为距离太阳太近，才被烧得只剩下灰烬吗？

在相当长的时间里，数百万颗小行星与流星以惊人的速度碰撞了水星表面。地球被盾牌一样的大气层覆盖，一般大小的小行星和流星经过大气被燃烧或与大气冲撞变成了碎片，因而地面遭遇的碰撞趋于平缓，使人类摆脱了危机。而没有盾牌防护的水星承受了所有的冲撞，这些被碰撞的痕迹遍布水星各处。水星是太阳系的行星中拥有最多的碰撞形成的环形山的行星。探索了水星表面一半左右区域的"水手10号"取得的成果中，最引人注目的就是发现了卡路里盆地。

那么，制造了卡路里盆地的小行星的碰撞力有多大？

"信使号"拍摄到的卡路里盆地的照片。橙色的大斑点直径达1450千米，是一个巨大的盆地。它是因火山活动，该地区被熔岩填满而形成的，是水星上曾有过熔岩流动的证据

对趾点
与球面某点关于球心对称的点。

研究该问题的科学家们发现了卡路里盆地的对趾点表面像是倒扣着的，地形奇怪。小行星碰撞时的影响力传递到碰撞点的对趾点，地表晃动，火山喷发，形成山坡。科学家们把这称为"古怪地形"。水星

"信使号"

"水手10号"开始水星探索30年后，也就是2004年，美国国家航空航天局向太空发射了"信使号"。"水手10号"近距离接近水星进行了探测，而"信使号"则是要小心地改变自己的轨道，以进入水星轨道为主要目的。"信使号"像"水手10号"一样，采用了节省燃料的、通过引力弹弓效应改变轨道的方法。由于水星绕着太阳转动的速度太快，因此当瞄准水星发射探测器时，受太阳引力场的影响，探测器获得加速度后可能会飞离水星。"信使号"发射后，绕太阳飞行了15圈，其间经过地球1次、金星2次、水星3次，获得加速度，并成功进入水星轨道。其飞行距离达7.9×10^9千米，花费了6年7个月。"信使号"发现了水星的大气层外侧有水存在的痕迹。这说明水星形成初期很可能曾经有水存在过。水星的大气层如果再厚一点，就可以留住水蒸气，水星可能就会成为一个有水的行星。水星上还曾经有火山活动，这说明它曾经存在过较弱的磁场。"信使号"向地球传送了数万张水星照片，执行自己的任务。

水星的环形山。2012年美国国家航空航天局公开的照片，这张照片非常像米老鼠，一时受到广泛关注

上虽然没有地壳活动，但受频繁的小行星和彗星碰撞的影响，也发生了地形的变化。

从水星巨大的环形山中还发现了另一个现象，那就是水星上有冰。靠近太阳的水星白天会获得巨大的热量，怎么会有冰的存在呢？水星的环形山巨大，一些环形山位于极地地区，其阴影部分太阳照射不到，就会存在冰。那么这说明水星上有水吗？令人遗憾的是，水星上的冰不是自然形成的，而是彗星碰撞留下的产物。在水星形成初期，水是存在的，但它距离炽热的太阳实在太近，这些水被蒸发殆尽，水星也没有大气，无法留住被蒸发的水蒸气。

炽热的荒野：金星

金星距离太阳大约 1.82×10^8 千米，是距离太阳第二近的行星。它的自转周期为 243 日，公转周期为 224 日，其一天长于一年。除自转周期外，金星与地球非常相似。它的直径是地球直径的 95%，质量是地球质量的 82%，密度是地球密度的 96%，引力是地球表面重力的 91%，赤道长度是地球表面赤道长度的 90%。从金星的物理状态来看，甚至可以认为金星是地球的双子星。

金星是日出前就开始劳作的人们的"启明星"，也是提醒结束一天的工作，和家人吃完晚饭后的人去喂狗的

"长庚星"。金星告知人们辛苦的一天的开始和结束，让辛苦劳作一天回到家的人感受到温馨的氛围。如此看来，难怪有这么多艺术家给金星起外号，表露对它的爱意。

金星距离地球约 4.1×10^7 千米，是离地球最近的行星。两颗行星诞生于同样的尘埃星云，形成初期曾经非常相似。人们一度相信金星上具备生命体生存的条件，并兴奋地想象那里可能也有人居住。为此，人类开始了探索金星是不是第二个地球的有趣旅程。

1609 年，伽利略用最早的望远镜观测到金星有厚厚的云层，他认为那巨大的云层是水蒸气。覆盖着金星的水蒸气是观测金星的障碍，同时也刺激着人类的想象力。但随着科技的发展，这一梦想也变成了泡沫。1920 年，人们通过光谱调查，发现覆盖着金星的云层的主要成分是二氧化碳。金星上可能到处都是煤炭或石油，但它没有足够确保植物存活的氧气。1959 年，通过雷达观测设备，人们发现金星是一个表面温度高达 480℃ 的炽热行星。几百年来一直被人们当作地球双胞胎的金星，终于被证实是和地球完全不同的行星。它们诞生时或许一样，却进化成了完全不一样的形态。

当时的科学家很难接受金星是炽热行星的观测结果。他们希望直接向金星发射探测器，以期拿到更准确的资料。苏联最早开展了该项探索（1961 年），不过最早接

金星表面覆盖着大气，不可能一次性拍出这样的照片。该照片是在"麦哲伦号"发回的照片的基础上，经过图像映射制作而成的

近金星并测定其温度的却是 1962 年美国发射的"水手 2 号"。"水手 2 号"接近金星后，利用红外微米波雷达探测了金星表面，测定其表面温度约 420℃。

1967 年，历经几次失败之后，"金星 4 号"最早进入金星大气中，发送回测定的温度，但由于金星的大气压远比预想的高，它没能接近金星表面就破碎了。苏联科学家

金星探测器"水手2号"是"水手1号"的备用探测器,"水手1号"探险失败后,"水手2号"成为最早的金星探测器。它接近金星,进行了42分钟的观测

预测的金星大气温度为100℃以下,然而"金星4号"测定的该温度为270℃。这一温度对生命体来说实在是过高了。比"金星4号"晚一天到达的"水手5号"成功在距离金星表面约4 000千米的上空观测了金星磁场,同时发现金星大气中90%以上是二氧化碳。

　　人类向金星发射的探测器多于其他任何一个行星。

2005 年发射的"金星快车号"是向金星发射的第 20 个探测器。经过之前的多次失败，这次的探测器最终绘出了金星表面图像，分析了其土壤和大气的成分。然而，仍有疑问没有解决：本应该和地球一样成为生命乐园的金星为何变成了荒野？地球的命运是不是也会像金星一样？

2005 年，欧洲最早的金星探测器"金星快车号"搭乘俄罗斯联盟运载火箭飞向太空。这是继 1994 年美国国家航空航天局发射的"麦哲伦号"在金星坠落的 12 年后，人类发射的另一个专门为探明金星状况而升空的探测器。"金星快车号"担负着测定金星的温室效应产生的影

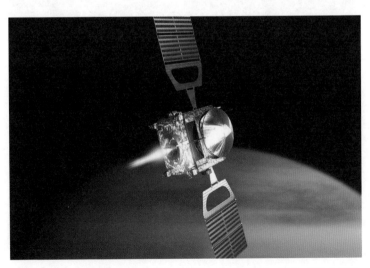

金星探测器"金星快车号"，搭载着光谱仪、光谱成像器、紫外-红外成像器、等离子分析仪和磁力计等设备

响、水平风速、弱磁场、太阳风强度及紫外线吸收状况等任务。经过 5 个月的飞行，"金星快车号"到达金星。

在"金星快车号"之前发射的探测器都无法在金星表面着陆，因而无法对金星表面进行分析。探测器冒着在比地球高 90 倍的气压下破碎、在超过 480℃的高温中融化、被表面覆盖的酸性物质侵蚀的危险，靠近金星表面，因而能够用于传送信号的时间不长。但"金星快车号"使用的是紫外线观测方法，即便不着陆也可以进行表面勘察。紫外线不同于可视光线，它可以透过云层观测到大气层，由此科学家们才看到金星的真面目。

"金星快车号"发现了金星大气中有水存在的证据，它感知到的粒子中含有构成水的氢和氧。水是生命的起源之一，如果水分充足，金星上就可能有生命体存在过。这一发现，再一次点燃了人们的希望。然而"金星快车号"所感知到的水蒸气的量远远少于生命体的需求，而且金星大气中的主要成分是二氧化碳。那么，水去哪儿了？只是被蒸发了吗？还是从一开始就没有水呢？

科学家开始从太阳上寻找答案。太阳向宇宙空间不断释放电子、质子、氦核等带电粒子。当太阳表面发生爆炸时，这些带电粒子就会以 2 000 千米 / 秒的速度抛射出去，形成太阳风。这样的速度使暴露在太阳风下的生命体无法生存。那么，地球怎么能在太阳风中完好无损呢？令人惊

美国 VS 苏联金星争夺战

| 美国 | 苏联 |

| 1961 | 1962 | 1965 | 1967 | 1969 | 1970 | 1972 |

"金星 1 号"

飞行途中故障

"金星 3 号"

通信失败

"水手 2 号"

飞到金星上空
34 800 千米处，测
定金星表面温度

"水手 5 号"

飞到金星上空
3 900 千米处，
探索金星磁场

"金星 4 号"

进入金星大气

"金星 5 号"

飞到金星上空 26 千
米处，收集大气资料

"金星 6 号"

飞到金星上空
11 千米处，收
集大气资料

"金星 7 号"

首次到达金星表
面，向地球传送
信号 23 分钟

"金星 8 号"

到达金星表面，
送信号 50 分钟

金星的大气 65 千米

1973　　1975　　　　1978　　　1983　　　1989　　1992　　1994

先驱者"金星 1 号"
使用雷达制作了金星地图

"水手 10 号"

星大气循环拍照，利
金星的引力弹弓效应
治探测水星

"麦哲伦号"

制作完成金星表面 99% 的地图

"金星 9 号"

"金星 10 号"

观测大气后，到达金星
表面。传送 53 分钟信
号，首次完成拍照

"金星先锋 2 号"

进入大气

"金星 11 号"

照片传送失败

"金星 15 号"

"金星 16 号"

"金星 12 号"

传送信号 110 分
钟，观测到雷电

制作了极地地区—北纬
30° 之间的地图

讶的是，地球以自转轴为中心进行转动，形成了连接两极的磁场。磁场形成的磁力膜覆盖整个地球，保护地球大气不受太阳风的危害。相反，金星虽与地球一样拥有金属核，但它的自转速度太慢，不足以形成磁场。它自转一周需要 243 天，简直比蜗牛还迟缓。不受磁场保护的金星在太阳风面前束手无策，只能失去自己的水蒸气，成为充满二氧化碳的星球，温室效应也更加严重。这就是"金星快车号"探索到的金星一片荒芜的原因。地球如果能一直保持现在的自转速度，有磁场阻挡太阳风，就不会变得

像金星一样。

"金星快车号"发回的资料中还有一个引人注意的地方。地球大气的平均风速与地球自转速度基本一致，是地表运动和大气运动的差异引起了风，这样看来，在自转周期为243日的金星上应该几乎没有风。而令人惊讶的是，金星大气以比其自转速度快60倍的速度（300千米／秒）运动，形成了"超高速气流"。那么，金星的风速怎么能比自转速度还快60倍呢？

金星的云层平均厚度20千米，最上层到地表的距离约为65千米。因为云层过厚，能够穿透云层到达地表的太阳能非常少，导致大部分能量留在了云层的上端。金星距离太阳比地球近，因而比地球获得更多的太阳能，并将这些太阳能大部分留在了云层。

"金星快车号"探测了金星的南半球，发现了两个巨大的旋风，这是半径足有1 900千米、厚达21千米的大旋风，是地球上出现过的最大飓风的4倍，它看起来好像要吞噬所有的东西。地球受太阳能的影响，在炽热的赤道附近，海平面蒸腾的水汽上升形成云，云内部的能量不均衡，造成云层卷动，从而形成旋风。然而金星上没有大海，也没有水蒸气，那是怎么形成旋风的呢？

科学家认为：过快的风速和金星较慢的自转速度是形

"金星快车号"传送回的金星南半球极地地区的巨大旋风照片

成旋风的原因。金星的自转导致风并非沿直线，而是存在一个转动惯性，使其绕金星旋转，并向两极移动，形成气旋。受金星过慢的自转速度影响，气旋的尾部不断延展，半径达到 2 000 千米，从而形成巨大的旋风。

金星诞生之时与地球十分相似，经过数十亿年的时间，两个行星的命运就变得完全不一样了吗？它曾经也像地球一样拥有适宜的温度，二氧化碳融于大海和岩石，大气中的二氧化碳浓度适宜。某一天，太阳释放出的能量增

寒流降临时的芝加哥。如同电影《后天》中的雪景，是由于温室效应导致的极寒天气造成的，温度降到-37℃

大，大气温度渐渐上升，引起水蒸气蒸发，岩石中的二氧化碳排放到大气中。大气中的水蒸气和二氧化碳变多，引发温室效应，温度继续上升，水蒸气和二氧化碳的浓度越来越高，温室效应加剧。如果没有其他因素介入，这样的循环不断进行，温度持续上升。当某天行星表面达到平衡状态时，就无法再回到从前的面貌。联想到金星的变化，地球上正在渐渐发生的温室效应顿时让人感觉毛骨悚然。电影《后天》中上演了这样的场景，地球温室效应造成南北极冰川融化，海水上升改变了洋流方向，从而导致地球进入冰期。曾经覆盖北美的寒流，使芝加哥呈现出一番如同电影中的景象，给人们以不小的冲击。

行星的温室效应可能会使地球变得像金星一样荒芜，也可能会使地球变得如同电影中的冰球，非常具有破坏力。希望地球以后不要变成另一个金星。

生命之源：地球

我们生活的地球是太阳系中的第三大行星，距离太阳约 1.5×10^8 千米。地球绕太阳公转需要 365 天，公转轨道近似于圆。自转周期为 24 地球时。地球的直径为 12 742 千米，在太阳系的行星中属于中等大小。地球表面 3/4 以上被水覆盖，还有大气阻挡着太阳风入侵。地球上生活着植物和动物。

人类探索太阳系成员的一大主题是："那里真的有生命体存在吗？"可见，有生命体存在这一现象，在太阳系里是一件很稀罕的事。地球上具备生命体生存环境的决定性原因就是地球占据了最合适的位置。它和太阳保持着较为适宜的距离，大海不会被完全蒸发，因而不会太热，也不会结冰导致过冷。地球上有时也会发生自然灾害，但不至于威胁到所有生命体的生存。

从宇宙中看到的地球，金黄色的大地与蓝色的海洋交

从宇宙中看到的地球，70% 被水覆盖

相辉映，非常美丽。它是太阳系中唯一被确认有生命体存在的行星。地球上这种最适合生命体生存的环境是怎样形成的，以后又会发生什么变化呢？

　　距今大约 46 亿年前，太阳系形成之时，地球与其他行星一起诞生了。太阳诞生后，微细尘埃与结晶体在原行星盘飘移的过程中结合在一起，形成小团，这些小团不断碰撞结合形成地球。早期地球常与体积较大的小行星碰撞，释放出非常强烈的热能，受热后地球内部开始燃烧，温度高到能熔化金属，铁、镍等重金属熔化后，聚集起来形成地球的核，较轻的物质就在核外面停留下来。

地球由内向外分为内核、外核、地幔和地壳。我们肉眼能看到的地壳深度不过 10 千米，人类利用电磁波通过不同种类和形态的物质时速度不同，探明了地球的内部结构。地壳厚度为 20~70 千米，占整个地球质量的 0.3%，其下面 2 900 千米厚的是地幔。固态的地幔占地球体积的80%。地幔下面有液态的外核，最里面是地球的中心，也就是固态的内核。

地球内部结构中最值得注意的是液态的外核，它区别于固态的内核。液态的外核流动会产生磁场，没有磁场的话，地球就会暴露在强度极高的太阳风中。太阳向地球发射热量和光，在维持生命体的存在方面起到了很大的作用，但太阳也向地球发射太阳风，足以破坏地球的大气和生命体。

距今约 40 亿年前，地球上开始出现陆地。受地球内部的热和压力影响，海底开始形成较轻的岩石。这些岩石涌上海面，到处漂浮，然后相互连接，形成陆地。现在的地球由亚欧板块、非洲板块、印度洋板块、太平洋板块、南极洲板块和美洲板块六大主要板块以及一些小板块组成。

1912 年，德国气象学家魏格纳发现南美大陆的海岸线与非洲大陆的海岸线相互吻合，从而提出了"大陆漂移说"。实际上，如果我们把世界地图上的各个板块放在一起的话，会发现它们的海岸线确实是相互吻合的。但当时魏格纳并没有找到确切的科学依据，并因此遭到了学界的嘲笑。他去世之后，人们发现地幔的对流导致了大陆的

地球磁场的变化

一部分科学家认为地球磁场在移动，磁力在变弱，推测可能会发生地球南北极磁场反转的现象。一旦发生这种现象，就会给以地磁为指南针的动物造成混乱，也会发生大规模的火山爆发或地震。磁场的磁力变弱，保护地球不受紫外线侵害的臭氧层也会受损，当臭氧层受损，人类被暴露在紫外线下时，就会诱发皮肤癌，给人类造成致命的威胁。磁场的变化直接关乎人类的未来，因而无数的科学家高度关注该问题。

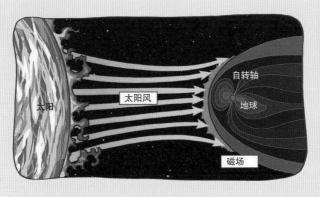

移动，从而根据他的假说，将"大陆漂移说"发展成了"板块构造说"。

板块构造说的原理是几个板块组成的岩石圈漂浮在像液体一样移动的软流圈上。地球内部的放射性物质衰变时释放的热量引起地幔对流，这就是板块移动的原动力。一个板块在边界处与另一个板块相遇，板块相遇的边界地区就容易发生地震等地质学变化，形成火山和海沟等地形特征。不过，板块构造说并不完美。板块移动的速度明显快于地幔对流，这就不能解释板块移动的原动力。比如根据板块构造说就很难解释夏威夷等地形的形成。

软流圈
位于地壳岩石圈下方，与地幔上部的一部分融合，由像液体一样移动的固体成分组成。

20 世纪 70 年代，新的地幔热柱理论出现，用以弥补板块构造说的不足。地幔热柱是从地幔下部向地球表面释放的热柱。在该理论中，热柱是使大陆移动的原动力，位于热点上的夏威夷的火山活动可以解释为是由热柱上升产生的。地壳慢慢移动，受内部运动被分开，或变得突出。受此活动影响，我们生活的地方不断移动，原来的痕迹不断被擦除，不断发生新的变化。

在宇宙中看到的地球让人印象深刻。占地球表面 70%

地幔热柱模式图

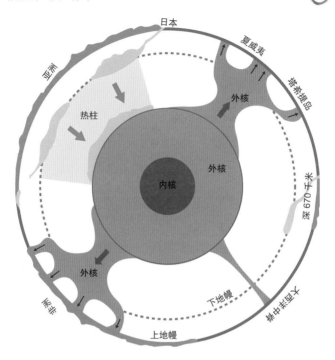

夏威夷和非洲地区的火山活动，就是位于地下 670 千米的热点，由上地幔与下地幔交界处的热柱上升或下降造成的

以上的水，使大陆看起来像是点缀其中的装饰品。太阳系内拥有这样美丽外表的天体只有地球一个。那么，让地球呈现出神秘而美丽的蓝色大海是怎么形成的呢？

早期的地球是一个像火球一样的炽热星体，地壳融

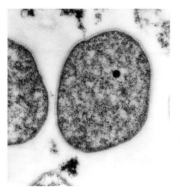

温泉红藻。在地球的强酸性湖泊中发现的细菌的一种，栖息于75℃~80℃的硫黄温泉中，通过把硫黄氧化成硫酸获得能量

化，变成地幔，冷却后又变成地壳，该过程循环往复。经过这样的"淬火"过程，坚硬、冰冷的地壳最终形成。地球每个地方仍然有岩浆喷出，岩浆喷出的气体中含有水蒸气。这些水蒸气在大气中聚集起来达到饱和状态，就会变成雨。最初下雨的时候，地球还处在一个温度很高、各种陨石乱飞的时期，表面的雨一部分虽然被蒸发，但还是不停地降，大海的雏形也渐渐出现。最终在38亿年前，形成了大海的模样。

最初的大海比现在密度高，带有强酸性，其中出现了最初的生命体。生命体怎么会出现在强酸的环境中呢？在极端的环境中，也可能有生命存活，这一事实已经被多次证实。美国黄石国家公园湿地的强酸性湖水中就生活着微生物——温泉红藻。地球原始大气中的氢和甲烷等变成有机物，与氨结合形成复杂的氮化物。这些化合物在大海里

地球的卫星月球。月球表面的环形山与水星表面非常相似

越积越多，形成有机物，成为最初的生命体。至今，地球上 95% 的生物都生活在海里。海水受月球的潮汐影响，有涨潮和落潮现象；因风向、水温和盐分的差异，形成洋流。

太阳系中已确认的围绕行星转动的卫星有 164 颗。木星有 67 颗卫星，土星有 53 颗。地球只有 1 颗卫星月球，不过该卫星非常特殊。木星 67 颗卫星中有很多比月球大，但就与母星的大小比例来看，月球居首位。太阳系中最大的卫星是木卫三，其直径为 5 000 千米，而木星的直径则

为14万千米，即木卫三的大小不过木星大小的1/28。反之，月球的直径大约3 500千米，地球的直径近13 000千米，即月球大小为地球大小的1/4以上。只有地球拥有与母行星相比这么大的卫星。

月球距离地球约38万千米，引力是地球的1/6。大家应该看到过受月球引力的影响，身着航天服的宇航员像在月球表面跳跃时的样子。月球白天的温度为130℃，夜晚则为-150℃，温差极大。月球的自转周期和公转周期都是27.3日，因而我们在地球上看到的总是月球的同一面。月球上没有大气，无法散射光，无法传播声音，也没有避免陨石碰撞的防护措施，表面全被环形山覆盖。

月球对地球的影响主要体现在海洋。海洋每天两次的涨潮和落潮就是受月球影响导致的。月球的引力将海水吸上来再放下。月球的引力在与月球近的地表上朝月球方向，距离月球远的地表上朝反方向发力，这就是潮汐力。潮汐力产生的潮汐差严重的区域，涨潮与落潮时的海水深度可差 16 米。

月球引力对地球的气候也有影响。地球自转轴的倾斜度基本保持在 23.5°，这使地球形成了一定的气候现象。这意味着生命体可以稳定地繁殖。月球如果不持续产生引力，自转轴就不能保持稳定，那样人类就会遭受不稳定的气候变化的威胁。也就是说，月球不仅仅是围绕着地球转动，还保证了地球上能够有适宜生命体存活的稳定环境。

地球是如何拥有月球这一"宝贝"的呢？有关月球起源的著名假说，是在 1873 年由法国天文学家洛希提出的。这就是"同源说"，即地球与月球诞生于同一时期，构成物质也一样。太阳系的行星在同一时期由被压缩冷却的气体团组成，地球与月球亦然。那么，地球与月球的成分应该是一致的，然而事实上，它们的构成物质却不同。根据阿波罗登月计划带回来的月球石，我们发现月球上

乔治·达尔文
查尔斯·达尔文的次子，
研究潮汐现象的天文学家。

几乎没有铁元素，而地球上的铁占地球全部质量的 30%。这就是说，洛希的同源说有着致命的缺陷。

另外一个理论是 1878 年乔治·达尔文提出的"分裂说"。他的父亲查尔斯·达尔文写了《物种起源》，他则提出了"月球的起源"。他在研究潮水的过程中，发现月球正在慢慢远离地球。"阿波罗 11 号"到达月球时，利用放置在月球上的反射镜观测过光返回的时间，确认月球每年远离地球 3.8 厘米。达尔文认为越往前，地球与月球越近。两者受相互引力的影响，月球公转速度与地球自转速度越来越快，最后月球与地球只能相撞，因而他认为月球与地球曾经是一体的，但他没能阐述自己这一主张的根据是什么。

1909 年，美国天文学家杰克逊承担了管理美国标准时间的任务，他提出了与以往假说完全不一样的"俘获说"。月球原本是围绕太阳公转的行星，在某个时间因距离地球太近，被地球引力场俘获，成了地球的卫星。但他没有说明是什么力量使月球降低了速度，被地球引力场俘获的。他确信月球曾经与现在已不存在的某一媒介物碰撞，导致速度降低，被地球引力场俘获。但同样，他也没能对此加以证明。

根据碰撞说演示的月球生成过程

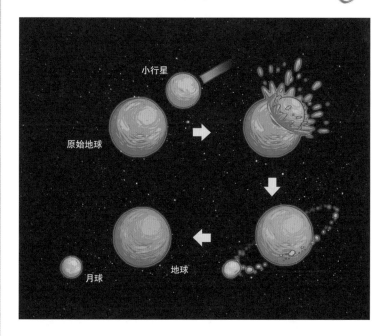

碰撞说是迄今为止有关月球起源最广泛为人接受的假说

此后很长一段时间，人们都没有找到有关月球起源的答案，这时"大碰撞假说"应运而生了。20世纪70年代后期，美国天文学家哈特曼认为在地球形成一亿年后，也就是距今45亿年前，某一个天体碰撞了地球，其残骸变成了月球。如果这一假说成立，就能充分解释为什么月核中没有铁成分，碰撞体如果是在地球周边形成的，就可以解释为什么月球与地球的氧气同位元素的比例是一致的。研究碰撞说的科学家们认为该碰撞体应该有火星那么大。20世纪80年代，碰撞说受到学界重视，对碰撞说的模拟也已完成。该研究结果刊登在国际科学杂志《自然》上，成为被广为接受的有关月球起源的假说。

红色的火星

1877年，意大利天文学家夏帕雷利发现火星表面有水流动的痕迹，即"峡谷"（Canali），但该词却被翻译成英语的"运河"（Canals），导致火星上的水路是人为开凿的认知深入人心。此后，业余天文学家洛厄尔在很多场合宣称看到了运河，这引起了更多混乱。尽管用望远镜观测不到运河，但该混乱持续到了20世纪30年代。直到科学家确证火星上没有出现过运河，人们才停止了对火星人的期待和幻想。

运河

意大利语中的"canali"意为水道，英语中的"canal"意为人工修建的运河。

1938年，改编自美国科幻小说作家乔治·威尔斯的《世界大战》的收音机情景剧的广播，让人们误以为真的

哈勃空间望远镜观测到的火星，看起来像是燃烧着的红色星球

有火星人入侵，从而造成 100 万人避难的骚动。此后，《火星进攻》《火星计划》等以火星为背景的电影也制作出来。人们在想象外星生命、宇宙战争或另一个地球时，自然会想到火星。那么，火星上是不是真的有生命体存在呢？

火星的直径 6 800 千米，约为地球的一半（地球的半径约为 6 400 千米），质量为地球质量的 11%，表面重力是地球的约 38%。火星土壤中含有铁的氧化物，使火星呈红色。火星在很多方面与地球类似。首先，其自转周期为 24 小时 37 分钟，比地球稍微长一点。自转轴倾斜度为 24°，与地球类似，因而也像地球一样有四季。火星的公转周期是地球的 2 倍，每个季节约为 6 个月。最引人注意的是它有稀薄的二氧化碳大气。那么，人类向火星发射的火星探测器探明了火星的哪些奥秘呢？

1965 年，美国"水手 4 号"探测器经过 7 个月的航行，终于抵达火星。当时"水手 4 号"传回的有关火星的 22 张照片引起了轰动。照片显示火星上没有运河，而有无数的环形山，一片荒凉，它看起来更接近月球，给幻想火星上有生命体存在的人们当头一棒。

1969 年发射的"水手 6 号"和"水手 7 号"的任务是观测火星表面和大气，探索生命体。它们飞过火星赤道和南极上空，分析了大气和地表，拍摄了 200 多张照片，并将其传回地球。这涵盖了火星表面的 20%，然而没有我们想看到的运河。1971 年 11 月 14 日，到达火星轨道的"水手 9 号"以 1 千米为间距，拍摄了火星表面的 80%，发现了很多地质学上的现象，但仍然没有发现运河的痕迹，由此证明火星上确实没有运河。在"水手 9 号"传回的 7 000 多张照片中，能看到太阳系中规模最大的火山奥林匹斯山、长 4 000 千米的水手峡谷，还有侵蚀、沉降等水文遗迹，火星还有卫星火卫一和火卫二。

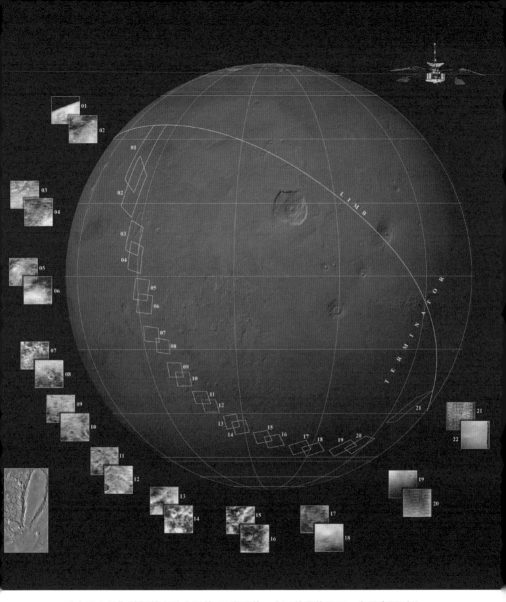

"水手4号"拍摄的有关火星的22张照片。左下的照片显示，火星表面到处都是巨大的环形山

　　"水手9号"的火星观测并不是一帆风顺的。"水手9号"到达火星轨道时，本以为能够清楚地拍摄到火星表面，但实际拍摄到的却只是被风暴遮挡着的模糊的奥林帕斯火山。"水手9号"足足等了一个月，风暴才停止，待风暴散去后才看到了晴朗的火星。

　　火星的风暴是红色的。这是由铁的氧化物组成的尘埃飞扬起来导致的。风暴可覆盖火星整个表面两米高，它由春天极地地区的温差导致，届时会引起强烈持续的大风。火星极地地区的冷空气下降，位于下部的暖空气上升。春季南半球距离太阳更近，极地地区与南半球的温差增大，大温差引发强风，从而导致如同地球的沙漠一样干燥、被氧化铁覆盖的火星表面刮起巨大的风暴。风暴给火星带来极端的分化。大气中的尘埃吸收太阳能，温度急剧上升，但覆盖着地表的厚重大气，使热量无法到达地表，地表温度下降。"水手9号"突破的难关，就是探明了火星的大气状态。

　　火星上最引人注目的地形是奥林帕斯火山。这座太阳系中最雄伟的火山高27千米，是珠穆朗玛峰高度的3倍，是韩国汉拿山高度的13倍，像眼睛一般镶嵌在山顶的环形山，直径25千米，底部直径624千米，底部面积与朝鲜半岛的面积相似。我们在地面上很难用肉眼丈量朝鲜半岛的面积，因而我们也难以把握整个奥林帕斯火山的状况，只能在火星轨道上对其整体面貌进行观测。即便乘坐宇宙飞船到达火星，有幸在奥林帕斯火山着陆，有可能也不知道自己在火山上。

　　奥林帕斯火山如此巨大，是因为火星上没有发生像地球上一样的板块运动。地球由很多板块组成，这些板块移动碰撞形成火山后，板块继续移动，地球上的火山主要是山脉状态。但火星由一整个板块组成，没有板块移动，因而在地壳活动强烈的地方发生火山爆发，如果该地区一再发生火山爆发，就会形成巨大的火山。像奥林帕斯火山这

哈勃空间望远镜拍摄到的火星的沙尘暴。可以看到在北半球和南半球暴发沙尘暴的部分（左侧）。受持续沙尘暴影响，望远镜看不到火星地表（右侧）

样巨大的火山，其熔岩慢慢移动、冷却，不止经过一两次的爆发，而是在数十亿年的岁月里不断发生火山活动才累积而成。

　　用第一次拍摄到该峡谷的"水手9号"探测器命名的水手峡谷也有和奥林匹斯火山一样壮丽的峡景观。它的总长度达4 000千米，最深的地方有8千米。地球上最长

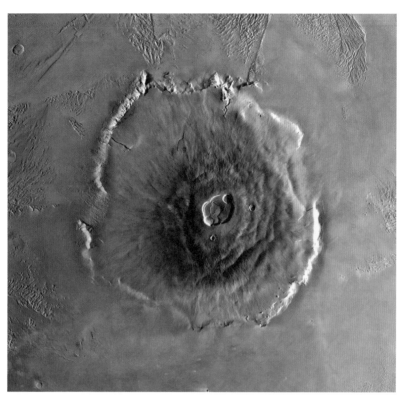

"海盗 1 号"拍摄的奥林匹斯火山

的大峡谷长 447 千米,深 1.8 千米,我们很难想象水手峡谷的规模。如此巨大的峡谷是怎么形成的呢?

　　火星上虽然没有板块运动,但一整块地壳覆盖在地幔上面,地幔的某一部位温度上升,那里就会发生隆起。地壳上升,被拉得紧绷之后发生断裂,岩浆通过裂开的缝隙喷出,融化的地下冰变成水喷涌而出。原本支撑地壳的冰消失,地壳塌陷,喷出的水如同山洪暴发一般,冲走了地壳的残骸。这可以看作火星地表曾有液态水存在的根据。如若确实有过水，那是否有过生命体存在呢？

1975 年，美国国家航空航天局向火星发射了无人探测器"海盗 1 号"和"海盗 2 号"。"海盗 1 号"在克里斯平原着陆，两个月后，"海盗 2 号"在往北一点的乌托邦平原着陆。两大海盗探测器承担着探测火星上是否有生命体存在的任务。为了完成这一任务，它们进行了三次实验。考察火星土壤中是否有水的物质代谢和微生物的有机物合成，确认气体混合物和土壤样品之间的反应。令人惊讶的是，三个实验结果都呈阳性。本想以此为基础证明生命体存在，最终，三个实验结果都被证实是由无机物之间的化学反应导致的。

人们寻找火星上生命体的探索虽然失败了，但对火星上是否曾经有水流动、是否有人居住仍然抱有好奇心。1997 年，"火星探路者号"在火星巨大的峡谷上成功着陆。"火星探路者号"有两个可 360° 旋转的照相机，可以拍摄 3D 照片，感知风向和风速等。"火星探路者号"上搭载的探索机器人"索杰纳号"有六个轮子在地上行走，还可以嗅到气味。火星"探路者号"在火星上行走，确认了水曾经存在过的事实，提出了火星上曾经有地壳变动的可能性。

2004 年年初，双胞胎探测器"勇气号"与"机遇号"在火星背面着陆。"勇气号"通过对土壤成分的分析，试

"海盗1号"发回的100张照片构成的火星样貌。赤道附近的水手峡谷非常显眼

图寻找液态水的痕迹，于是它朝着环形山进发。不过遗憾的是，"勇气号"着陆的地方是覆盖着火山岩的荒凉平地，它需要移动很久才能找到火山喷发口。它最终成功到达火山喷发口，并在那里发现了液态水流动的痕迹。"机遇号"也取得了很多成果。它进入了一个小火山喷发口，采集到了岩石标本。通过分析岩石标本，科学家们发现了火山喷发口里曾经有液态水的证据。"机遇号"探测到的岩石地带展示了火星地质的历史。不过，在岩石地带发现的水带

火星的"白雪公主"。火星探测器"凤凰号"用自己的机械臂挖开火星的土地，发现土壤下面有白色的冰，并在这些挖掘出的土壤中发现了冰物质

有强酸性，不适合生命体生存。

"勇气号"和"机遇号"对火星的探索打破了无数纪录。后来科学家们以这些资料为基础，考察火星上是否还存在水。

2008 年，火星探测器"凤凰号"在火星的北极地区着陆。该地区有如地球极地地区的永冻层。"凤凰号"承担了挖土、分析冻土中矿物质的任务。拥有由七个关节制作而成的机械臂的"凤凰号"，在挖地的过程中发现了白色的冰物质。科学家们把这称为"冰层"。

"凤凰号"采集的土壤分析结果显示,火星上曾经出现过固态水。终于找到了火星之水!但"凤凰号"没能探明火星上是否有生命体存在。什么时候才能探明在有水又有二氧化碳的火星上,到底有没有什么生命体呢?说不定我们根本就是在寻找原本就没有的东西。

但现在放弃还为时尚早。寻找别的星系中的超级地球这项工作还在积极进行,与其去探索外太空的生命体,不如积极探索火星更现实。于是,人们的野心之作横空出世了。为了探索火星上的生命体,美国国家航空航天局于2011年11月26日向火星发射了"好奇号"火星探测器。"好奇号"承担的是美国国家航空航天局"火星科学实验室"的火星探测任务,主要通过对水的分析确认火星上是否有生命体存在,同时分析火星气候和地质学的特征。"好奇号"拥有12种能钻透5厘米岩层分析其构成成分的机械臂等重75千克的科学设备,一旦到达火星,就能进一步探索火星的真实状况。

2012年8月6日,经过9个月超过5×10^8千米的"长途跋涉","好奇号"到达了火星的盖尔环形山。"好奇号"开始寻找人们预想到的一些问题,虽然迄今没人确定火星上是否有生命体的痕迹,但过去的几十年里,火星的面纱逐渐被揭开,人们仍然对此怀揣希望。

2013 年 8 月，美国国家航空航天局发布了"好奇号"火星探测 1 周年的成果。"好奇号"在 1 年的时间里拍摄了约 7 万张照片，并将其传送回地球，还采集了土壤和岩石，用于分析火星的表面成分。"好奇号"在火星上看到了什么？它分析了沉积岩，发现了生命体生存所必需的碳、氢、氧以及磷和硫。这说明曾经的火星具备生命体生存的条件。它还从石头上采集的标本中发现了少量的土壤矿物质和盐分，这证明岩石上曾经有水流过。另外，"好奇号"在着陆地点附近发现了圆形的石头，可能是由于水流冲刷形成的，这与地球河边的石头比较类似。根据石头的大小推测，这里曾经有宽约 0.3 米~1 米的小河流过。

令人遗憾的是，目前还没有在火星上发现甲烷。考虑到活的生命体可以制造甲烷，科学家们非常迫切地希望能在火星上发现这种化学物质。一旦在火星上发现甲烷，我们以往在宇宙中的任何发现都将为之逊色，因此，不能停止在火星上寻找甲烷的努力。

"好奇号"的旅程还在继续。2014 年 2 月，也就是"好奇号"到达火星的一年半后，"好奇号"共移动了 4.97 千米。即便是在沙丘等各种地形中，"好奇号"也勇往直前。从"好奇号"传送回的信息中，我们可以确认两点，那就是火星上曾经有生命体存在过，且有赖以生存的水流动。

探索火星的盖尔环形山的"好奇号"。这张照片看起来是有人特意拍摄的，实际上它是由安装在机械臂上的照相机拍摄的 55 张照片合成的

"好奇号"拍摄的火星表面的一部分（左图），与在地球上拍摄的江边的石头（右图）很相似

这一任务还会一直持续下去，直到"好奇号"的生命燃尽。

这并不是结束。美国国家航空航天局 2020 年向火星发射"毅力号"，它的任务是寻找微生物的痕迹。"好奇号"已经确定了火星上曾经具备生命体生存的环境，那么接下来的任务就是寻找生命体的痕迹。多亏了"好奇号"，我们原来在电影中才见识过的火星生命体真实地向我们走来。期待"好奇号"以后继续向我们传递信息。

图中显示了"好奇号"到达火星至 2013 年 8 月 1 日期间的路线

现在来看一下围绕着火星转动的两颗卫星。1877 年发现的火卫一和火卫二两颗卫星被称为土豆卫星。因为它们长得非常像土豆。火卫一比火卫二大，在距离火星较近的轨道上公转。火卫一的公转周期为 7 小时 39 分钟，在距离火星约 6 000 千米的轨道上运行，是太阳系中距离行星最近的一颗卫星。火卫一的公转周期短于火星的自转周期（24 小时 37 分），在火星上看到的火卫一从西方

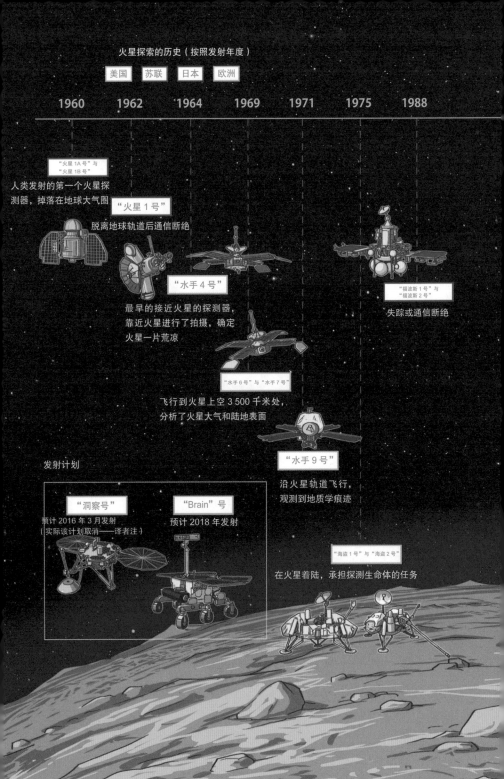

火星探索的历史（按照发射年度）

美国　苏联　日本　欧洲

1960　1962　1964　1969　1971　1975　1988

"火星 1A 号"与
"火星 1B 号"

人类发射的第一个火星探
测器，掉落在地球大气圈

"火星 1 号"

脱离地球轨道后通信断绝

"水手 4 号"

最早的接近火星的探测器，
靠近火星进行了拍摄，确定
火星一片荒凉

"福波斯 1 号"与
"福波斯 2 号"

失踪或通信断绝

"水手 6 号"与"水手 7 号"

飞行到火星上空 3 500 千米处，
分析了火星大气和陆地表面

"水手 9 号"

沿火星轨道飞行，
观测到地质学痕迹

发射计划

"洞察号"

预计 2016 年 3 月发射
（实际该计划取消——译者注）

"Brain"号

预计 2018 年发射

"海盗 1 号"与"海盗 2 号"

在火星着陆，承担探测生命体的任务

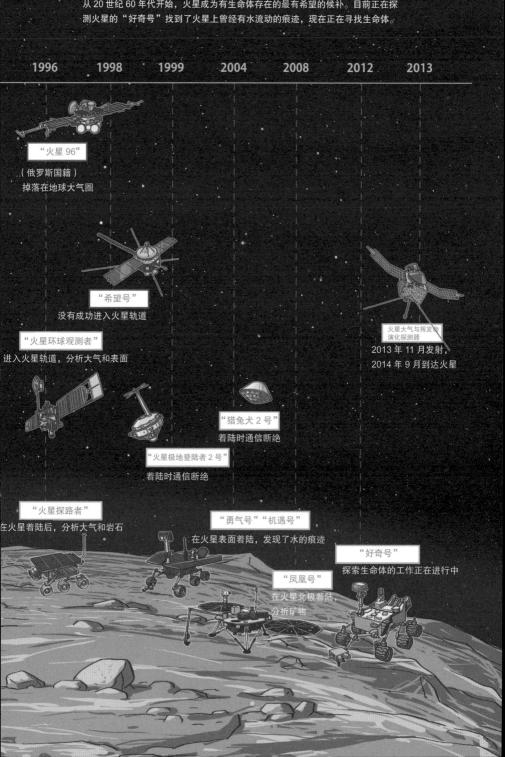

从 20 世纪 60 年代开始，火星成为有生命体存在的最有希望的候补。目前正在探测火星的"好奇号"找到了火星上曾经有水流动的痕迹，现在正在寻找生命体。

1996   1998   1999   2004   2008   2012   2013

"火星 96"

（俄罗斯国籍）
掉落在地球大气圈

"希望号"

没有成功进入火星轨道

"火星环球观测者"

进入火星轨道，分析大气和表面

火星大气与挥发物
演化探测器

2013 年 11 月发射，
2014 年 9 月到达火星

"猎兔犬 2 号"

着陆时通信断绝

"火星极地登陆者 2 号"

着陆时通信断绝

"火星探路者"

在火星着陆后，分析大气和岩石

"勇气号""机遇号"

在火星表面着陆，发现了水的痕迹

"好奇号"

探索生命体的工作正在进行中

"凤凰号"

在火星北极着陆，
分析矿物

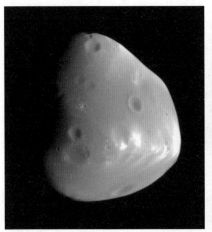

火星卫星火卫二（左侧）和火卫一（右侧），形状如同土豆，地表有环形山

升起，在东方落下。在外侧轨道上运行的火卫二公转周期为 30 小时 17 分钟，运行轨道距离火星约 2 万千米。火卫二比火卫一的公转周期长，从东方升起到西方落下需要超过两天。火卫二正在慢慢远离火星，而火卫一以每 100 年约 1 米的速度朝火星靠近，预计可能在 5 000 万年后与火星碰撞。是否可以把它想象成数亿年前在太空中游荡的小行星，受火星引力吸引变成围绕火星周围转动的卫星，它经过长久的等待，终于要与火星实现戏剧般的相逢呢？

"火星500"计划

　　"火星500"计划是由俄罗斯、欧洲宇航局及中国共同实施，为满足2030年左右向火星发射载人探测器做准备的一场物理隔离模拟试验。地球距离火星$7.8×10^8$千米，是地球到月球距离（$3.8×10^6$千米）的200倍。预计到火星需要250天，在火星上停留30天，返回地球需要240天，总计需要520天，可谓"长途跋涉"。2010年6月3日，该计划的6名参加者开始了模拟"火星500"计划的为期520天的隔离生活。

　　对于参加者来说，模拟实验中可能会发生什么呢？最大的问题是压力。一年多的时间里与外界完全没有沟通，只能和少数几个人共同生活。完全没有个人生活，从起床到就寝一直与他人在一起。时间越久，对小事就越敏感，还会因思念家人和朋友而得上思乡病。

　　探测火星时，最可怕的就是出现心理问题。一旦探测器出发，不可能中途下车，也不知道能否安全到

"火星500"计划中的俄罗斯实验室外观

达,一抬头就是无法捕捉的压力。当遭受如此大的压力时,身体的免疫机制也会出问题。因而还需要研究参加者能够承受压力,并解决免疫机制引起的相关问题,以及寻找在有限的空间里克服压力的方法。

另一个问题是长时间的隔离会因运动不足,导致肌肉量和钙流失。为了克服这些问题,参加者们每天都要进行运动,摄取多种食物,以防营养不均衡。韩国也向参加者们提供了包括炒泡菜在内的10种食物。参加者每天都要检查自己的健康状况,预计2011年

执行"火星500"计划的六位参加者

11 月 2 日可结束"火星500"计划。[1]

　　虽然目前还没有成为现实,但通过"火星500"计划,我们离载人火星探测确实更近了一步。科学家现在正在研究适用于长期飞行的宇宙飞船和运载火箭,以及将数吨食物最小化的方法。假如按照计划能够在 2030 年向火星成功发射载人探测器,那么迈出历史性一步的主人公很可能就是你哦!

1　"火星500"计划已于 2011 年 11 月 4 日完成。——译者注

气态巨行星

太阳的亲戚

我向那个发送信号的生命体传送了有关类地行星的信息一周后，仍不知它所在的位置。不过，如果它进入了太阳系，应该会首先碰到类木行星，而不是类地行星。一想到这里，我的心情突然变得迫切起来。它可能会看到带着美丽行星环的土星。在接受我发给它的信息之前，它如果先到达了土星，那该怎么办呢？我得赶快告诉它，那里没有适合宇宙飞船着陆的地面。

位于火星外侧的气态巨行星距离太阳较远，受太阳影响较小，所以这类行星上的冰化合物得以以固态存在。冰比构成类地行星的主要材料（硅酸盐岩石或金属）在宇宙中更为常见。类木行星通常个头大，质量大，可引起周边的氢与氦发生反应。类木行星就是由氢、氦等元素组成的气态巨行星。这些气态巨行星的质量占据围绕太阳周围公转的物质总量的 99%。

类木行星距离地球很远，人类还没有开始对它们进行真正意义上的探索，但目前人类通过各种技术捕捉到的类木行星的信息发现，它们都很美丽，并牵引着一些卫星，这些卫星也足以引起人类的好奇。其中，有的卫星被人类赋予了第二地球的期待。

不过，从现在开始要讲的类木行星更像是海市蜃楼，它漂亮的"飘带"实际上是足以吞噬地球的巨大风暴，其巨大的身体经常和小行星发生碰撞。如果那个发送信号的生命体正在朝类木行星飞行的话，我是不是应该快点告诉它赶紧调整飞行轨道？于是，我赶快整理了类木行星的信息。

差点儿成为另一个太阳的木星

木星距离太阳的距离是日地距离的 5.2 倍，木星围绕太阳公转一圈需要 12 年。木星的直径约 1.4×10^6 千米，比地球大 11 倍，体积有 1 320 个地球那么大，是名副其实的太阳系的最大行星。要论个头的话，其质量是地球质量的 318 倍。木星没有坚硬的地表，而是由氢、氦等气体或液体组成，即便人类去访问它，也无法像在月球一样留下痕迹。距离太阳近的行星受太阳的影响失去了气体和冰，而距离太阳远的行星则受太阳影响较小，主要由气体和冰组成。木星的岩石内核相对整体个头而言较小，比类地行星更接近太阳系形成初期时行星的面貌。

木星上的超大型闪电是地球最大闪电的 1000 倍，被称为"木星大红斑"的巨大风暴一下可吞噬 3 个地球。由此看来，木星与地球没有一点相似之处。木星有 67 颗卫星，远看就像是太阳系的缩小版。其实如果木星再大一些，就可以与太阳形成双星，这也是宇宙中最常见的恒星系结构。那么，是不是通过对木星及其卫星的研究，就可以解开太阳系形成原理之谜呢？

人类的宇宙探索史几乎是与地球比较接近的行星（金星和火星）的探测史。现在人类已经不满足于此，开始探索距离地球很远的其他行星。但要发射探测器，其实是难上加难。探测器要经过长久的宇宙飞行才能到达木星，其间还得穿过火星和木星之间的小行星带。飞行

67 颗卫星

人类目前观测到的木星的卫星有 120 多个，但很多是受木星引力吸引过来的小行星，不是周期性卫星。2012 年，美国国家航空航天局承认的木星卫星有 67 个。

双星

大部分恒星都不是孤独的存在，一般 2 个或 3 个恒星以共同质量的中心为基准进行公转，并相互产生影响。在宇宙中，像太阳这样的单个恒星实属少见。

2000年，木星探测器"卡西尼号"发回的4张照片构成的木星图像。它的颜色接近木星的实际颜色，飘带形状展示了木星的大气状态。看起来发黑的部分是木星的卫星木卫二的影子

时间过长，旅行中可能燃料不足，也可能与小行星发生碰撞，导致探测器被撞毁。途中也可能碰到其他没有预测到的危险。那么，该如何应对未知的状况呢？

科学家们根据类木行星的会合时期，用当时的技术捕捉到一次可以观测到木星、土星、天王星和海王星的机会。一旦错过这个机会，就只能等到175年后，也就是2 155年。利用类木行星的会合，只要一台探测器利用制

定好的轨道，就可以使各个行星接近探测器轨道，形成行星靠近沿规定道路运行的探测器的局面。如此，就不用大费周章前往各个行星，只要等它们自行前来即可，真是绝妙的机会！科学家们跃跃欲试。他们想尽量减少第一次试验失败的概率，有什么好办法呢？那就是，事前准备！要制造可用于考察木星的探测器，需要进行充分的信息收集。1972 年，人类向木星发射了"先驱者 10 号"和"先驱者 11 号"。该探测器的主要目的是考察小行星带是否能够安全通过，木星巨大的磁气圈有多大的放射性危害。两年后，两台探测器安全通过小行星带，收集了木星磁场的信息，并传送回地球。通过事前准备，人类可以预知探测器在飞向木星时可能会碰到的危险，从而减少了通过小行星带时的不确定性。人类探索类木行星之路也由此打开了大门。

以 1977 年美国"先驱者号"收集的信息为基础，人类又发射了"旅行者 1 号"和"旅行者 2 号"。两年后，"旅行者 1 号"到达距离木星中心约 3.5×10^5 千米的地方，观测木星环、卫星、放射性环境达 48 小时。最让人惊讶的景象是木星的卫星木卫一伊奥上分布着规模约 200 平方千米的火山。这说明距离太阳约 8×10^8 千米，如同死星一般冰冻的木星及其卫星其实也是活动的。"旅行者 1 号"没有停止运行，它穿过木星继续朝土星飞去。为了进行详

从"亚特兰蒂斯号"航天飞机上分离出来的木星探测器"伽利略号"

细的研究，需要发射围绕木星公转的探测器。

伽利略最早观测到木星有 4 颗卫星。1989 年，用他的名字命名的"伽利略号"朝木星出发了，预计到木星需要 3 年多时间。要想顺利到达木星，需要准备充足的燃料和能够提供足够推进力的装备，然而这两者的重量是个问题。人们想出了一个非常奇妙的好办法，"伽利略号"

朝着金星而不是木星出发了。人们计划让它在金星和地球之间运动，"偷"得速度，可以快速飞向目的地。

"偷"得速度？是的，就是"偷"！探测器以抛物线轨道接近金星，按照规定改变方向后，其速度矢量方向就与金星的公转速度矢量方向一致。这时，探测器就会借助金星的公转速度，实现速度矢量叠加，使探测器的速度越来越快。这时，金星本身的一部分动能被探测器偷走，公转速度变慢，但行星与探测器质量差异大，当探测器接近行星又离开它时，就可以神不知鬼不觉地偷走金星的速度。

矢量
同时拥有大小和方向的物理量。

经过 6 年的飞行，探测器在飞往木星的过程中有幸目击了彗星碰撞木星的状况。这是人类首次目击太阳系中彗星与行星的相撞。

第二年，一架自动探测器从"伽利略号"中分离出来，在近 1 个小时的时间里通过木星大气，向地球传回信息。这些信息让科学家们惊叹不已。木星大气中的氩、氪、碳、氮及其他重元素的比例比太阳高 2 至 3 倍。这些元素只在极低温中凝结，它们的存在说明木星和太阳的生成过程不同。至此，人们通过揭秘木星来揭秘太阳的期待也随苏梅克–列维 9 号彗星于 1993 年被发现，它的 21 块碎片碰撞了木星的南半球，是人类最早观测到的外星系物体与行星之间的碰撞。"伽利略号"记录了在地球上无法观测到的这一惊人瞬间

之变成泡影。

6 个月后，"伽利略号"终于抵达木星轨道，开始了真正的探索。木星上最引人注目的是大红斑。位于红斑中心的化学物质受紫外线作用变热，呈现出红色，每 6 日沿逆时针方向旋转一次。这一巨大的风暴云可以升腾到大气上方的 8 千米处，与大气下面的雾连成一片。自 350 年前人类第一次观测到大红斑以来，它就一直存在，从未消失。也就是

大红斑
位于木星南纬的高气压性风暴，与地球的风暴类似。

说，它至少拥有 350 年的历史。地球上最大的台风一般也就持续两周，而这一风暴是地球体积的 3 倍。它是如何存在这么久的呢？这一巨大的能量又来自哪里呢？

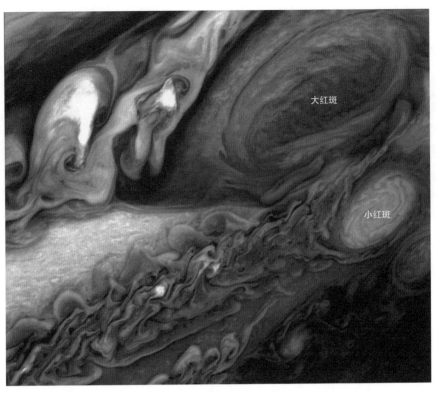

大红斑

小红斑

"旅行者1号"发送回的木星大红斑的彩色影像。位于大红斑下方的白斑（小红斑）直径与地球的直径接近

　　科学家们观察到木星大气中有白色小型风暴（白斑）。"伽利略号"幸运地观察到了白斑合体的场面。20世纪30年代形成的3个白斑中有2个在60年后突然合体。白斑一旦合体，就会形成强烈的风暴。2年后，第3个斑点也与之合在一起，在大红斑下形成巨大的风暴。起初，白色的风暴经过5年的时间慢慢变成红色。白斑形状类似于大红斑，但大小没有那么大。这一风暴被称为"小红斑"。

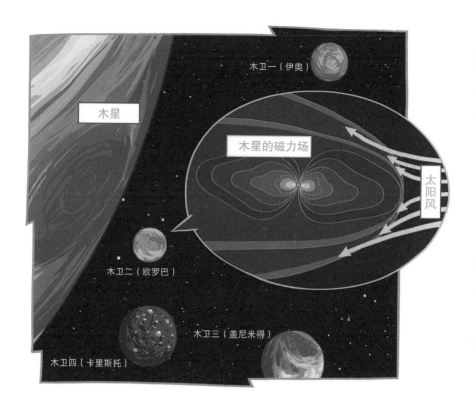

木卫一（伊奥）

木星

木星的磁力场

太阳风

木卫二（欧罗巴）

木卫三（盖尼米得）

木卫四（卡里斯托）

木星的风暴会吞噬其他的风暴。据悉，大红斑就是通过这样的过程形成的。

那么，是什么给大红斑提供了能量，让它可以持续350 年？木星自转一周需要 9 小时 55 分，速度是地球的2.4 倍。考虑到木星巨大的质量，其自转速度其实是地球的 27 倍。探测显示，如此快的旋转速度使风暴的凝聚力强而稳定。大红斑的"长寿秘诀"就在这里。

较大的自转速度使木星获得力量的另一个表现是木星

的磁场。地球的磁场是外核中液态的铁发生对流形成的。木星的核周边压力非常大，金属氢取代金属铁，对流形成磁场。该磁场的强度是地球磁场的20~30倍，范围是地球磁场的14倍，影响力可以波及土星。此外，木星的个头很大，整体磁场能量比地球大得多。木星的四大卫星（木卫三盖尼米得、木卫四卡里斯托、木卫一伊奥、木卫二欧罗巴）都在磁场圈里公转，受太阳风的影响。就像在地球磁场保护下生命体能够生存一样，受木星磁场保护的卫星中可能也有生命体存在。这么一想，木星就和地球有了一个共同点。另外，木星的磁场可以和地球磁场一样，在极地地区制造极光现象。

带电粒子
带有电荷的物质。

"伽利略号"完成了对木星四大卫星的探测。它访问的第一个卫星是木卫三（盖尼米得）。木卫三是太阳系中最大的卫星，直径超过5 000千米（与行星的相对比率最大的卫星是月亮）。它比水星要大，如果不是围绕木星（而是围绕太阳）转动，它很可能会成为一颗行星。木卫三的表面有很多碰撞坑，其中以15千米为间隔，均匀分布着冰峰。

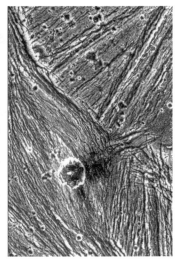

"伽利略号"拍摄的木卫三（左侧）和木卫四表面的环形山和冰峰（右侧）

"伽利略号"探测了木卫三，发现卫星本身具有磁场。想拥有磁场，就需要拥有熔融状态的内核。从表面来看，木卫三是结冰的固态，其内部却有熔岩沸腾。木卫三生成时，是先变热，然后从表面开始慢慢冷却的吗？哪里来的能量使木卫三变热呢？让人惊讶的地方还有很多！科学家们认为引发地球感应磁场（导电层）的原因是海底的盐传导电流。木卫三上也有感应磁场（导电层）。那就说明木卫三可能有地下海洋存在。大海是生命的源泉，那么木卫三上是否有生命体存在呢？带着很多疑问和可能性，"伽利略号"飞向了木卫三。

第二个访问目的地是木卫四（卡里斯托），它的表面

木卫四，黑色的冰上面有明显的直径超过3 000千米的碰撞坑

是冰，表层覆盖着很多碰撞坑。它是木星的第二大卫星，像月球一样数十亿年都没有发生地质活动。地球的冰川接受太阳热量发生融化，覆盖着木卫四的冰却因极度严寒而像岩石一样坚硬。

其次是距离木星最近的木卫一（伊奥）。前面已经给大家讲了"旅行者1号"目击木星表面戏剧性的活动。木卫一是太阳系中地质活动最为活跃的天体，在400余座火山中，有的直径超过200千米。木卫一上的火山喷发时

拍摄的与实际木卫一颜色相似的照片，可看见其表面存在着 400 多个活动的环形山

喷出的物质是硫黄与二氧化硫。这些物质喷发后逐渐冷却，凝结成固体颗粒，形成木卫一多彩的表面，因而木卫一也被称作"比萨卫星"。

　　木卫一的火山不断改变着其地表状况，看上去木卫一仿佛是"活"的。是什么引发了如此多的火山活动呢？答案是引力。木星周边有数十个卫星围绕它公转。在木星最内侧的轨道上转动的木卫一经过其他卫星与木星之间时，受到其他卫星引力的影响。引力使木卫一内部扭曲，产生

木卫二。其表面覆盖着一层厚厚的冰，但人们认为冰下面有巨大的海洋

热量。热量使木卫一内部的岩石沸腾，造成火山爆发。就像月球引力作用会使地球海平面上升一样，木卫一的地表也会整体上升 90 米以上。受木星和周围大型卫星之间的力量竞争，木卫一看起来是黄色的带有凸起的状态。

"伽利略号"的第三个目的地是木卫二（欧罗巴）。木卫二与木卫三、木卫四的不同之处是，它的表面大部分由岩石组成。岩石表面被冰覆盖，地表的冰可能是水喷出形成的。那么，这里是否具备生命体生存的环境？"伽利略号"通过测定木卫二的磁场，发现了一个惊人的事实。木卫二也有导电层，可使木星的磁场通过。唯一能引起这一现象的就是大海！木卫二的冰层下面可能存在巨大的海洋。

木卫二受太阳的影响较小，表面温度为-93℃。在这样的环境中，大海怎么能够以不结冰的状态存在呢？人们推测木卫二地形的形成可能与木卫一的火山形成的原因相同。木星引力使卫星靠近，使其内部受到影响，产生热量。这些热量引发地表活动，造成木卫二上奇怪的地形。在"伽利略号"拍摄的照片中，木卫二上有像双车道似的两道山脊，长约1 000千米，向四方延伸。这一特殊地形，说明木星引力使木卫二发生运动，造成冰层分裂，沿着分裂层，木卫二内部前后运动，形成摩擦，产生热量。受热量影响，相交的面温度上升，冰层上升，形成山脊。因而，在木卫二的表面上，可以看到水坑和山坡。

根据"伽利略号"发送回的资料，木卫二表面有冰冻的二氧化碳，应该是从地下海洋中喷出的。如果木卫二有生命体所必需的要素二氧化碳，是否意味着木卫二上有生命体存在呢？又或者这些条件可以转化为生命体存在的条件呢？要想确认这些问题，就需要打开木卫二的地壳，进入海里进行直接探测。欧洲航天机构预计于2022年向木卫二发射新的探测器。

探测除地球之外有生命体的天体，是一件非常有魅力的事情。之前人们普遍认为木星与地球存在巨大差异，但围绕木星公转的卫星意外地留下了很多有关生命的可能性。即将到来的木卫二探测，可能会给我们带来地球之外的生命体的消息。这说明第三天体中可能也有生命体存在。之前人们所期待的第二天体火星的位置，在不远的将来，可能会被木卫二取代。

长着耳朵的土星

土星是太阳系中的第二大行星。它的直径约 12 万千米，是地球的 764 倍，但相对而言质量较小，是地球的 95 倍。土星大部分由氢和氦组成，密度为 0.7 克 / 厘米 ^{3}，比水的密度（1 克 / 厘米 ^{3}）低。比水密度低的意思，就

"伽利略号" 最后的任务

探索了木星及其四大卫星后，发现了新现象的"伽利略号"完成了预定任务，迎来了其不同寻常的结局。经历了长久的探索，燃料即将耗尽的"伽利略号"绕着木星轨道旋转。如果"伽利略号"坠落在木卫二上，探测器中的钚可能会给木卫二上可能存在的生命体造成危害。美国国家航空航天局给"伽利略号"发出的最终任务是坠落在木星上。2003 年 9 月 21 日，"伽利略号"为了完成最后的任务，终于落入了其长久以来探索着的木星的怀抱。

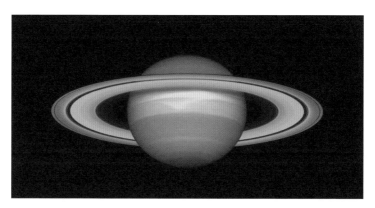

哈勃空间望远镜拍摄的土星面貌

是假如有一个巨大的容器盛满水，土星便可以浮在上面。土星的一天是 10.6 小时，公转周期是 29.5 年，周围牵引着 53 个有名的卫星（以 2013 年英文维基百科为准）。最引人注目的是，土星拥有巨大的美丽的行星环。但与木星一样，人们无法在土星上面停留。

　　最早接近土星的探测器，是为了能让"旅行者号"完美完成探测而事先发射的"先驱者 11 号"。"先驱者 11 号"完成木星探索任务后，1979 年飞行到距离土星圆环 3 500 千米的地方，发送回了有关土星、土星环以及卫星的相关信息。相关内容包括土星的热能、磁场和 E、F、G 环。一年后，"旅行者 1 号"接近土星，探测了土星及其卫星土卫六的大气，探明了其圆环的复杂结构。"旅行者 2 号"经过土星侧面，发现土星的大气比木星厚，赤道风速是木星的 5 倍，也观测到极地的极光现象。

尽管人们发现了一些新现象，但仍然非常关注土星环。因为这是从近处观察土星环，探明它到底是什么的绝好机会。"旅行者号"发现的土星圆环超过 1 万个，当时最早观测到土星圆环的伽利略和当时最先进的天文望远镜无法观察到其确切状态。伽利略记录"位于土星两端，模样像耳朵一样怪异"。1675 年，天文学家卡西尼发现土星的环由很多层组成，环之间的间隔被称为"卡西尼环缝"。不过，在"旅行者号"亲自前往土星确认之前，人们只知道有 3 个环。"旅行者号"看到的环全部由冰块构成。小的冰块用肉眼刚刚能看清楚，大的冰块有房屋那么大，各式各样。"旅行者号"穿过这些圆环，却没有丝毫受损，真是奇迹。

被土星魅力折服的科学家们为了探索土星，开始了一项宏大计划。1997 年，美国国家航空航天局和欧洲宇航局共同开发的"卡西尼-惠更斯号"朝土星出发了。地球到土星的距离共计 1.4×10^9 千米，通过引力弹弓效应实际要运行 3.4×10^9 千米才能到达土星。如果使用太阳能当动力，需要的燃料体积过大，宇宙探测难以实现。因而，"卡西尼号"用钚实现核发电，从而使探测成为可能。

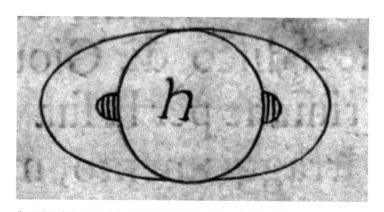

伽利略绘出的土星画面。当时伽利略把把手和耳朵状的物体当成了两个卫星。但无论怎么观测，它们都不离开土星，由此看来不是卫星。伽利略因为这样的疑问，在画面旁边没有留下任何说明

　　"卡西尼号"要进入土星轨道，必须通过由冰和小土块组成的土星的 F 环和 G 环之间的环缝。探测器主体和燃料箱等重要部分一旦与圆环中的巨大冰块发生碰撞，探测就不得不中断。不过，"卡西尼号"最终闯过了所有难关，2004 年成功进入土星轨道。"卡西尼号"观测到土星大气的雷电，测定了土星的自转周期。在"卡西尼号"观测土星的圆环和卫星之时，"惠更斯号"探测器在土星最大的卫星土卫六（泰坦星）上着陆。土卫六是土星所有卫星中唯一一个带有氢成分大气的卫星，人们非常期待看到它与地球环境相似。这次探测逐渐揭开了土星的面纱。

　　土星之所以广为人知，是因为其辉煌灿烂的光环。看过其光环的人，都会被其魅力吸引。土星光环直径为

土星

"卡西尼号"

"惠更斯号"

土卫六

2.8×10^5 千米，相当于 21 个地球依次排开。但与巨大的个头相比，它的厚度却非常薄，只有两层建筑物那么高。土星环每 29.7 年两次与地球呈水平状，观测不到。从照片上看土星环，会发现它像保存完美的唱片，但实际上它是数十亿个冰块的集合体。冰块们以最快 6.4 万千米/时的速度绕着土星运转，内侧环比外侧环转动快。转动时，环内的结构相互冲撞，被分解成细小的微粒。

有关土星光环的形成，人们有各种不同的主张。第一种假说是土星形成后的剩余物质受土星引力影响形成了光环。然而在土星环里发现了卫星盘和土卫三十五，那么，

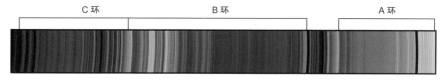

土星光环分析。按照字母顺序对其发现顺序进行排列

这么大的块头为什么没能和土星连在一起而留在圆环里呢？可见上述假说解释不通。另外，两颗卫星都比土星年轻，也说明环不是在土星生成时就产生的。第二种假说是彗星或小行星与土星或其卫星相撞，形成碎片，其残骸形成了环。但彗星与行星相撞的概率很低，如要形成如此巨大的行星环，那得是一颗多么大的彗星与土星相撞呢？第三种假说是土星吞掉卫星留下的痕迹，形成了环。土星的卫星中有一个被土星吸收，该卫星表面的冰掉落，构成组成行星环的冰碎片。这些假说反映了人们对土星环的关注，但人们还是没有探明该光环形成的真正原因。

土星的光环分为A~G，是按照发现顺序用字母对其进行的标记，与它们跟土星之间的距离无关。如果按照与土星距离的远近来排列的话，顺序依次应为D、C、B、A、F、G、E。其中，A、B、C环最亮，最细密，可以用望远镜对其进行观测。其他的光环由冰核组成，在地球上无法进行观测。组成土星光环的物质的透明度和密度不同，所以呈现出的亮度不同，可以进行区分。它们各自不同的特征导致反射太阳光时有差异，使土星呈现出漂亮的颜色和形状。

如此美丽的土星环会永远存在吗？令人遗憾的是，它可能会消失。对比其他行星的行星环，土星环又亮又清楚，侵蚀不明显，由此可知我们现在所看到的土星环形成的时间不会很长。土星环如果能一直持续下去，其构成物质就需要不断地得到补充。彗星碰撞，其残骸汇聚到环中，冰块和尘埃粒子通过其他的途径填充进去，才能使其得以维持。土星卫星中的普罗米修斯与潘多拉的引力将 F 环朝多个方向拉伸，运动活跃。这些卫星将会影响光环的命运。光环的变化过程可能会成为人类解开太阳系生成过程之谜的钥匙，因而土星一直吸引着科学家们的关注。

直到海王星的行星环被发现之前，土星一直被认为是太阳系唯一具有行星环的行星。随着观测能力的提高，人们于 1968 年、1977 年和 1979 年依次发现了海王星、天王星和木星的行星环。由此，行星环成为所有气态巨行星的共同特点。随着科学技术的发展，一向被认为与众不同的木星，也逐渐与其他气态巨行星一样，成为具有普遍性的行星。在发现海王星的行星环之前，一直持有不同主张的天文学家如果得知这一事实，也会感叹科学的荒谬吧？而今天的"真实"会又拜倒在明天发现的"真实"的面前吗？

表面看起来无比美丽的土星，其内部却是爆发似的沸

土星的极地旋涡。根据"卡西尼号"拍摄的照片，可清楚地看见六角形旋涡

腾状态。土星自转速度很快，两极间距更长，呈椭圆形。土星风暴持续数月，其活动比木星更具威力。观测云层活动，监测风速的结果，可发现其平均速度可达 1 600 千米 / 时。要知道，能将城市整个吞没的地球超级台风的速度仅为 200~300 千米 / 时，所以土星上的风暴规模超级可怕。土星上发生的最强风暴是发生在南极的极地旋涡，有地球的 2/3 大，与木星的大红斑相似，并且有大红斑上没有发现的台风之眼，让人惊讶不已。人类通过探测还发现一个奇怪的现象。像与南极的旋涡形成对称一般，土星的北极上空也有一个六角形的旋涡。"旅行者 1 号"第一次观测到该旋涡时，预测不久之后，它可能会消失，然而 30 年后，它仍然存在。它与地球的极地旋涡形态类似，但土星的旋涡规模巨大，大概可以放下 4 个地球。这是在太阳系任何一个天体中都从未观测到的现象，是宇宙中最美丽的谜之一。

土星周围有 60 多个 [1] 卫星环绕其公转。其中，有正式名称的有土卫一（弥玛斯）、土卫六（泰坦）、土卫五（瑞亚）、土卫二（恩克拉多斯）、土卫四（狄俄涅）、土卫三（忒提斯）。这些卫星如果位于行星轨道，完全可以被归于行星之列，因为它们具有一定的运行规律和足够的质量。

---

1 本书韩文版写于 2014 年以前，2019 年时土星的卫星已有 82 个。——编者注

土卫六有厚厚的氮大气层，看起来像橙色的球。被大气遮盖，难以观测其内部

"惠更斯号"着陆的土卫六，在很多方面与地球类似。它是太阳系所有卫星中唯一与地球一样，拥有含氮元素的大气层的卫星。另外，甲烷和乙烷等碳氢化合物足以形成一个大湖。土卫六的状况与我们想象的原始地球相似。土卫六是太阳系中的第二大卫星，体积比水星还大，是除月球之外，另一探测器着陆过的卫星。"惠更斯号"从穿透土卫六的大气到着陆共花费 1 小时 20 分钟，传送回 640多张照片。着陆地点是既非液体，也非固体的松软的果冻

状地形。土卫六地表大部分区域由冰和岩石组成。"惠更斯号"传回的探测资料超乎人们的期待。探测器发现土卫六上有江、海、湖存在的证据，甲烷液体形成云雨，有与地球相似的气象。甲烷是生命体产生所必需的物质，这说明土卫六上可能存在生命体。

那么，土卫六上真的有生命体存在吗？是过去曾经有生命体，抑或将来会有生命体存在？"惠更斯号"告诉人们这么多新事实，也留下了很多疑问。人们希望能够再次向土卫六发射探测器，总有一天还会发现更惊人的事实。

土星最小的卫星是土卫二，它也是一颗非常有意思的卫星。土卫二的直径 500 千米，是月球直径的 1/7。2005年，"卡西尼号"探测器观测到该卫星上有物质喷发，科学家们推测这是间歇泉。间歇泉形成原因普遍被认为是受土星引力影响的土卫二公转时内部产生热量，水和冰蒸发，穿透表面喷发而出。卫星本身的引力小，没有大气，所以间歇泉可以向外喷发数百千米。间歇泉对土星光环也有影响，这些喷出的物质聚在一起形成土星的 E 环。光环的浓度和喷出物质浓度相似。科学家现在还没有完全探明土卫二，但地下有水意味着可能有生命体存在。只要人类一直关注水和生命体的存在情况，就会一直去探索现在还处于未知领域的太阳系。

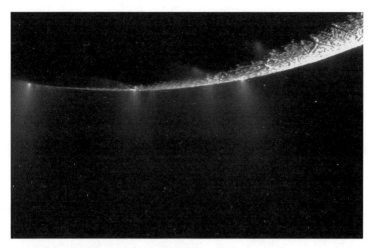

"卡西尼号"捕捉到的土卫二表面间歇泉喷出的状况

躺着公转的天王星

天王星距离太阳约 2.9×10^9 千米，是距离太阳第七位的行星，距离地球约 2.7×10^9 千米。天王星直径约 5 万千米，是地球的 4 倍，质量是地球的 15 倍，在太阳系中位列第三。其公转周期 84 年，自转周期 17 小时 14 分。天王星距离太阳很远，在黑暗的太空中呈透亮的青色，看起来摇曳婆娑。那轻盈的感觉仿佛水波荡漾，引发了人们的想象。天王星仿佛默默地验证了人们的想象，它确实与我们目前为止看到的行星不太一样。

天王星的发现过程非常有趣。第一位发现天王星的是

"旅行者2号"拍摄到的天王星

出生于德国的英国天文学家威廉·赫歇尔。赫歇尔原本是
一位音乐家。他很长一段时间专职演奏管风琴，不过他业
余时间沉迷于天文学，了解亲自观测天空的必要性。18
世纪时，望远镜的价格昂贵，他就开始亲自制作望远镜。
鉴于赫歇尔既不是天文学家，也不是机械工业学者，这确
实是件令人惊讶的事情。然而，更令人惊讶的是他竟然成
功了。他用自己制作的望远镜数夜空中的星星。难道他认
为天空中的星星能被数清吗？现在看来，这一想法实在是
太过鲁莽和幼稚。不过，也许是赫歇尔的挑战精神感动了

威廉·赫歇尔的画像（左侧）和他发现天王星时使用的望远镜复制品（右侧）

天神，1781 年，他观测双子座时发现了一个陌生的天体。

　　赫歇尔起初以为该天体是颗彗星，经过两个月的观测后，发现该天体没有尾巴，轨道几乎一直在画圆，并围绕太阳公转。此时，赫歇尔明白，他发现的是位于土星外侧的太阳系第七颗行星。赫歇尔通过这一业绩，成为英国皇家学会的一员，并获得"皇家天文官"的称号。此外，赫歇尔还发现了土星的卫星土卫一和土卫二，还有天王星的卫星天卫三（泰坦妮亚）和天卫四。

甲烷的存在，使天王星看起来像太空中的蓝色冰珠一般。在天王星的大气中，氢约占83%，氦约占15%，甲烷约占2%。大气中的甲烷吸收太阳光中的红光和黄光，反射蓝光和绿光，使星球呈现青绿色。那种迷蒙的感觉与地球上由雾霾所造成的景象类似。甲烷是挥发性强的天然气体，受太阳光加热后不断蒸发，形成浓厚的烟雾，使行星看起来神秘莫测。

天王星是气态巨行星中质量最小的一个，密度为1.27克/厘米³，从其低密度可以推测天王星的构成物质。天王星有岩石内核，覆盖着由冰混合物组成的地幔，最上面的外壳布满氢和氦。天王星的冰与我们所想象的坚硬的冰不同，它的大气压力是地球的数百万倍以上，难以形成坚冰。天王星的冰地幔受压力影响，一直处于受热流动的状态。

天王星的气候特征是"毫无特征"。其他气态巨行星内部散发的热量会引起对流，使地球上无法想象的气流旋涡得以形成，而天王星是安静的。太阳系中距离太阳最远的海王星中尚有因对流引发的台风现象，但天王星距离太阳较远，内部热量比其他行星明显低很多，甚至比海王星还低。

冰冷宁静的天王星有独特的魅力。天王星是太阳系自转轴中最倾斜的一个，其倾斜度约为97.77°，以非常慢的速度转动，但至今没有探明天王星自转轴严重倾斜的原

太阳系行星中的自转轴

水星　金星　地球　火星　木星　　　土星　　天王星　海王星

观测太阳系行星的自转轴，会发现天王星的自转轴是多么倾斜

因。天王星像躺着转动一样，其季节分布和其他行星的情况截然不同。

　　天王星极地的一面一直面向太阳，另一面则总是背向太阳。天王星按照南极、赤道、北极、反向赤道的顺序，每21年朝向太阳一次。21年一直是白天的夏季，21年昼夜交替的秋季，21年持续冬天，21年是昼夜交替的春天。自转周期17.2小时，在春秋两季，每8小时左右就有一次日出或日落。

　　地球的赤道接受太阳热量最多，躺着自转的天王星则是极地地区接受太阳热量最多。除让人惊讶的倾斜的自转轴之外，天王星的表面温度也让人意外。极地面向太阳

42 年，按理说极地地区的温度应该很高，但实际上天王星的表面温度比较平衡。可能是由于它离太阳太远，到达表面的太阳热量不会对其产生很大影响的缘故。

1977 年，美国国家航空航天局在观测天王星时发现了一个有趣的事实。天文学家们在观测行星的日食时，发现太阳在被天王星遮住后，会出现闪烁现象，并在第五次闪烁后躲到天王星后面。在远离天王星时，太阳还会闪烁几次。为什么会发生这种奇特的现象呢？原因在于天王星有行星环。有行星环的行星经过太阳时出现的这种现象，在土星运行中也观测得到，这说明天王星也有行星环。

天王星环不同于土星环，天王星环由尘埃和岩石组成，不能反射太阳光，不易于观测。"旅行者 2 号"确认了天王星环的存在。2005 年，哈勃空间望远镜又确认了另外的行星环存在。哈勃空间望远镜发现的行星环比原来的行星环距土星的距离远 2 倍。外侧环中的一部分岩石是流星或彗星与天王星的 27 颗卫星碰撞形成的产物。内侧环则是卫星相互碰撞形成的产物。

在天王星的卫星中，有 13 个在与天王星距离很近的轨道上公转。这些卫星大部分都很小，速度很快。有的卫星公转周期只有 12 个小时。天卫二十七（丘比特）与天

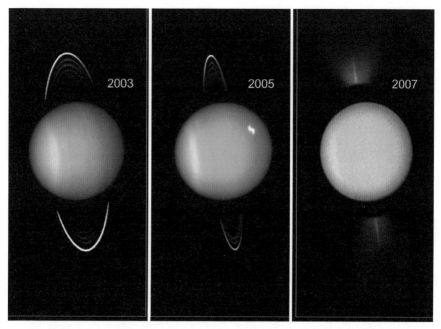

天王星环由尘埃和小岩石组成，几乎不反射任何光。天王星有 13 个光环，但在地球上只能观测到 9 个。每年光环的形状都会发生变化，每 42 年光环与地球成为一条直线，看上去如同消失了一般

卫十四（贝琳达）相距只有数百千米，两颗卫星受引力影响，最终可能会发生碰撞。几百万年后，卫星碰撞产生的残骸飞散出去，可能会造成天王星环的变化，使行星环变厚或产生新的光环。

在天王星的所有卫星中，形状规则的只有 5 个。天王星的卫星群无论是大小还是质量，在气态巨行星中都是最小的。天卫三（泰坦妮亚）是天王星最大的卫星，直径为

1 600 千米，不足月球的一半，天王星所有卫星质量之和也不及海王星的最大卫星海卫一（特里同）的一半。

迄今为止，探测过天王星的探测器只有"旅行者2号"。1986年，来到距离天王星大气最上端约8万千米的"旅行者2号"分析了天王星大气的结构和化学成分，并发现了10个新卫星。"旅行者2号"观测到极光，证明天王星有磁场存在，磁场轴比自转轴倾斜60°。"旅行者2号"第一次详细研究了天王星的5颗卫星，探测了当时为人所知的9个光环，还发现了2个新光环。"旅行者2号"探测天王星之后，迄今还没有新的天王星探测计划。

无法到达的终点，海王星

从太阳出发，穿过水星、金星及太阳系的其他行星，终于来到距离太阳约 4.5×10^9 千米，距离地球约 4.3×10^9 千米的太阳系尽头的行星——海王星。海王星的直径约5万千米，是地球的4倍，质量是地球的17倍，其直径在8颗行星中排第四位，质量位居第三。海王星跟天王星的大小相似，质量更大。两者的大气成分和结构也相似，大气中均含有甲烷，呈现美丽的蓝色，两者可称为双子星。

海王星的发现过程与天王星不同。海王星于 1846 年
9 月 23 日被发现，是第一个未通过观测，而是通过数学
计算被预测到的行星。19 世纪 40 年代，一位法国天文学
家以天王星轨道运动不规则为基础，提出了第八颗行星的
重力对天王星产生了影响的假说。后来，法国数学家勒维
耶通过对天王星的观测和计算，预测出了海王星的位置。
1846 年，德国天文学家加勒在勒维耶预测的位置上发现
了海王星。三位天文学家合作，终于使太阳系的第八颗行
星露出了真面目。

海王星距离太阳最远，公转周期最长。它的公转周期
为 164.8 年，自转周期 16.1 小时。海王星自 1846 年被发
现以来，只绕太阳转动了一圈。2011 年 7 月 11 日，天王
星重新回到了当时被发现的位置。

海王星与天王星最大的差异是气候。天王星从太阳
获得的能量少，内部能发热的能量也少，表面非常平静。
"旅行者 2 号"观测天王星时，预测要发现的海王星与天
王星应该无异。但 3 年后，"旅行者 2 号"发布的海王星
面貌却让人惊叹不已。海王星上有太阳系中最强的风，平
均时速可达 1 200 千米 / 时。科学家们预测这是由其较大
的自转速度导致的。

更让人惊讶的是，在海王星上，"旅行者 2 号"发现
有与木星的大红斑类似的台风痕迹。科学家们将其称为

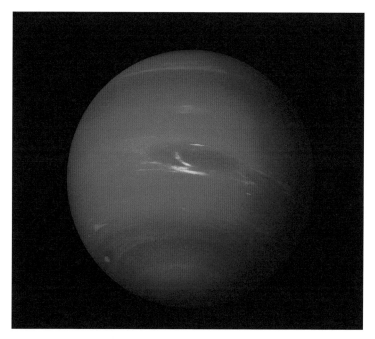

"旅行者 2 号"拍摄到的海王星的样子

"大黑斑"。其宽度达 13 000 千米，足以装下整个地球。据推测，大黑斑形成的主要原因是不稳定的大气。大黑斑周围刮着速度为 2 100 千米 / 时的强风，其南面的白斑云移动速度比大黑斑还快。

　　大黑斑被发现 5 年后的 1994 年，科学家们又遭受了比发现大黑斑时更大的冲击。用哈勃空间望远镜观测海王星时，人们发现大黑斑消失了。如果不是看错了，那就一

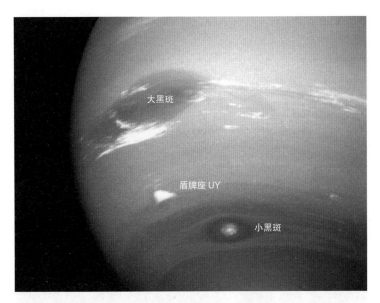

大黑斑

盾牌座 UY

小黑斑

哈勃空间望远镜观测到了大黑斑、盾牌座 UY、小黑斑，"旅行者 2 号"观测到大黑斑消失，则会出现新的大黑斑

定是发生了奇怪的现象。木星的大红斑在 300 年的时间里一直在吞噬小台风，不断成长，至今还在活动中。那么，在海王星的大黑斑上发生了什么呢？

通过哈勃空间望远镜观测海王星时，人们发现了一个新的事实。在北半球中发现了新的大黑斑，取代了第一次发现的大黑斑。也就是说，海王星上巨大规模的台风在短时间内就会产生或消失。与几百年间通过小台风合体形成的大红斑不同，海王星的黑斑形成几天之后，就会变得规模巨大，举世无双。

我们知道，必须要有能使空气运动的能量，风才能形成。那么，海王星的能量来源于哪里？海王星距离太阳太远，其获得的太阳能只是地球的 1/900，那海王星上的强风就不可能是太阳能量造成的。天王星内部没有热量，处于静默状态，而海王星内部有能引发强风的巨大热量。"旅行者 2 号"观测的结果是，海王星内部发出的能量是从太阳获得的能量的 2 倍，是太阳系行星中释放能量比例最高的一个。有关海王星内部能量释放的原因众说纷纭，迄今仍没有有说服力的观点。

1968 年，美国天文学家吉南第一次发现了海王星的行星环，当时预测该行星环与木星或土星的不同，不是一个完整的行星环。1984 年，海王星遮住了别的星，出现了光线减弱闪烁的现象，从而确认了其行星环的存在。5 年后，"旅行者 2 号"观测到海王星有 5 个光环。距离其中心部位 42 000 千米的上空，有一个又宽又稀薄的加勒光环，距离其上空 53 000 千米的地方有一个列维尔光环，其外侧稀薄的区域有一个名为拉塞尔的光环。拉塞尔光环位于距离海王星 57 000 千米上空的阿拉格环出现之前的区域。距离 63 000 千米的上空有狭窄的亚当斯环。光环的主要成分是包括硅酸盐或碳化物的冰核，粒子很小，量也不大。2005 年，在地球上观测到的海王星的光环比"旅行者 2 号"当时观测到的少了很多。学界认为这些光环非常不稳定，一部分光环会在一个世纪内消失。

海王星的已知卫星约有 14 个，其中几个可能生成于别的地方。很多冰结晶体和小块在内的岩石物质和残骸在宇宙空间中浮游着，然后撞在一起，进入了太阳系。这些冰块偶然受海王星引力场作用，成为它的卫星。这些卫星中形状规则的只有一颗。发现海王星之后不到一个月就被发现的这颗卫星是海卫一。

海卫一大小与月球类似，表面温度为-235℃，是太阳系中最冰冷的天体。冰冻的海卫一反射 70% 到达其表面的光线。在海卫一上发现了令人惊奇的火山地形，冰冻的火山向外喷发冰冷的物质。冰火山喷出液化氢氨混合物，这些物质随风飘动，到达稀薄的大气后，像雪一样落下，覆盖整个海卫一，使其表面呈白色，白色的表面再次反射太阳光，再次重复冰冻的过程。海卫一的另一个特征是它的公转方向与海王星的自转方向相反。在地球上观测，月球是从西方升起，在东方落下，月球在逐渐远离地球，而海卫一却在逐渐靠近海王星。我们可能不会见到这一时刻，但在几亿年之后，海卫一可能受海王星引力场的影响而破碎。破碎的海卫一的一部分可能成为海王星的另一颗卫星，或者形成一个新的光环。

海卫一。海王星最大的卫星，在该卫星上神奇地发现了喷发冰冷物质的冰火山

失去行星资格的冥王星

1930 年，美国天文学家汤博发现了冥王星，当时就引起了混乱。1846 年发现海王星之后，学界对于太阳系的第九颗行星一直充满期待。在寻找影响天王星和海王星运转的"X 行星"的过程中，被拍摄到的一颗天体的照片成为引发争论的焦点，人们将这颗星命名为冥王星。不过一部分天文学家认为，冥王星的质量不足以对天王星和海王星产生影响。冥王星与太阳系中其他行星也存在明显的差异：它比以往发现的行星都小得多，却又带有一个大卫星。冥王星的轨道也很奇特：它的轨道是类似于鸡蛋状的椭圆形，接近太阳后又慢慢转远。学界对这些问题一直争论不休。

当时学界没有对行星的具体定义。最初对行星的定义是天空中的"流浪者"，与在天空中有固定位置的恒星相对而言，围绕恒星运动的天体就被命名为"流浪者"。在认为地球是宇宙中心的古希腊时代，月球和太阳都是所谓的"行星"，而地球却不是。但从 17 世纪开始，人们开始把绕着太阳转动的大型天体都称为"行星"。现在人们已经知道冥王星比月球还小，但在发现它的时候，人们以为它有火星那么大，因而将其列为第九大行星。

冥王星距离地球 4.35×10^9 千米，直径约 2 400 千米，只有美国的一半。它的公转周期是 248 地球年，自转周期是 6.4 地球日。冥王星个头小，密度低，表面重力不过地球的 1/15。其表面覆盖着碰撞坑，没有大气和冰河，也没有风或雨。它与太阳的距离是地日距离的 30~40 倍，所以到达冥王星的太阳能是地球的千分之一，整个星球非常寒冷。除了碰撞坑之外，冥王星看起来像是保持了原始状态，但用哈勃空间望远镜也看不清冥王星，因而正确理解它不是一件容易的事。

为什么在冥王星被命名 75 年后，人们对于它的地位又再次出现争议呢？ 2005 年，美国的一位天文学家发现了比冥王星大、携带卫星，也绕太阳进行公转的天体。该天体被称为阋神星，它比冥王星大 5%，两个天体内部物质相似。如果要继续称冥王星为行星，那么也要赋予阋神星行星的地位。最终，2006 年

8月24日，在捷克布拉格召开的国际天文学联合会上，科学家们对行星做了定义。

行星的定义：
1. 围绕太阳公转。
2. 球形天体，拥有足够大的质量和自身重力。
3. 天体自身的公转轨道绝对压倒分布在其周边的小天体。

冥王星的大小和质量没有达到行星的标准，也没有压倒它所在的柯伊伯带的其他天体，所以，在被认定为第九大行星75年后，冥王星失去了行星的地位。

由此，太阳系中正式的行星为8颗，冥王星和阋神星被归为矮行星，编号分别为134340和136199。从拥有固定名称到成为一个编号，变成芸芸众生中的一个，该是怎样的心情呢？

发现冥王星的美国，立场尤其难堪。因为冥王星是美国发现最早，也是唯一的太阳系行星。其实，将冥王星排除在行星之外的一系列争端也发生在美国。

2006 年国际天文学联合会表决现场。随着行星的定义被制定，冥王星也被排除在了行星之外

阅神星被发现时，美国国内一片沸腾，以为又发现了新的行星，结果却连冥王星的行星资格也没能保住。本想多发现一个，结果却失去了一个。回顾人类的宇宙探索史，拥有最高技术的美国，这次的确很伤自尊。

行星的定义已然明确，一切仿佛归于风平浪静，但仍有很多天文学家对此持反对意见，可能还会再起论争。对于天文学家来说，这是个令人头疼的问题。对于静观这一事态的我们而言，却是非常有趣。

其他成员

"旅行者号"探测器的航行

在介绍太阳和行星的信息时，想起来曾经一度享受行星待遇，现在却被归类为矮行星的冥王星事件，仍记忆犹新。特别是发现了冥王星的美国，当时对此更是反驳不断。不过，通过这次论争，行星和非行星的定义得以明确下来，太阳系中的成员结构也变得更加清晰。

有关太阳系的论争不仅围绕冥王星展开，有关太阳系的范围也是众说纷纭，这些主张之间千差万别。随着柯伊伯带和奥尔特云的存在逐渐被证实，有人认为太阳系的尽头是奥尔特云，有人认为还没有到达奥尔特云的"旅行者1号"已经脱离了太阳系。虽然在人类获取的宇宙信息中，太阳系占据最大比例，但短时间内，这些论争不会消失。

科学家们提出了很多假说,引起了无数争论,又经过无数次失败,终于慢慢靠近了真实。现在太阳系中,不太为人所知的有矮行星、柯伊伯带和奥尔特云,有关太阳系尽头的种种假说和推测,就是逐渐靠近真实的一步。

现在能传送给它的信息不多了,我的笔记本也几乎都填满了。我相信它正离我们越来越近。

矮行星

2006 年,冥王星被剥夺了行星地位的那天,人们也定义了矮行星这一新的概念。矮行星是天体中的一个种类,它们不是行星的卫星,而是围绕恒星(太阳)运转,质量足以克服固体引力以达到流体静力平衡(近于圆球)形状。但其引力场不足以牵引周围的天体。因而,冥王星失去了行星的地位,被归入了矮行星之列。最早发现的矮行星谷神星、差点成为第十颗行星的阅神星都是矮行星。此外,还有鸟神星和妊神星,都被归为矮行星。矮行星的定义中没有明确规定大小和质量的标准数值,所以即便比水星大,但如果不能牵引周围天体的话,也只能归入矮行星的行列。

矮行星的大小比较

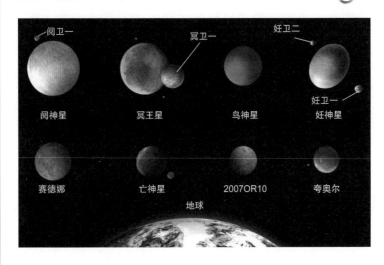

大小不一的矮行星都围绕太阳进行轨道运动

小行星

科学家们好奇小行星排列数字的规律性，试图填补违背规律的部分，追求数学之美。1766 年，德国数学家、天文学家提丢斯发现了太阳与行星的距离中一个有趣的规律。提丢斯的研究结果给了德国天文学家波得深刻的影响。1772 年，波得发现了这一规律，该规律被命名为"提丢斯-波得定则"，该定则是与行星距离有密切关系的数列。

$$a=2^n \times 0.3+0.4$$

（n 的位置上依次放入 $-\infty$、0、1、2、3、4 的话，得出的结果依次为 0.4、0.7、1.0、1.6、2.8、5.2 这样的数列。）

提丢斯-波得定则数列中的数字与水星、金星、地球、火星距离太阳的天文单位 AU 基本一致。但距离第五颗行星的距离不是 2.8，而是 5.2，也就是说在 2.8 位置上没有对应的行星。实际上，这一数值不是来源于什么根据，不过两者还是谜一般的相符合。但 1781 年，赫歇尔发现了天王星，发现到天王星的距离为 19.2AU，与提丢斯-波得定则的数值 19.6 近似。太阳系第七大行星满足这一定则，使人们更确信了该定则，于是，天文学家们争相在火星和木星之间寻找符合该数值的行星，以便在天文史上留名。

1801 年，皮亚齐在意大利西西里岛天文台发现了天空中有一个天体，那就是谷神星。他相信这里有一颗行星能够填补原来空白的位置。第二年，德国天文学家奥博斯发现了轨道很接近的智神星，1804 年和 1807 年分别又发现了婚神星和灶神星。这说明火星和木星之间存在的不是单一行星，而是小天体的集合。1845 年，人们第五次发现了小行星，1850 年之后，该区域被称为小行星带。谷神星不是填补提丢斯-波得定则的行星，而是在小行星带

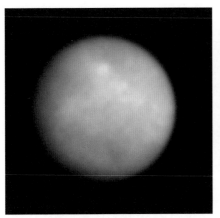

用哈勃空间望远镜观测到的谷神星（左图）和"黎明号"探测器观测到的灶神星（右图）

发现最早的一颗小行星。

此后，提丢斯-波得定则逐渐失去了力量，因为被发现的小行星数量越来越多，人们开始质疑该定则的恰当性。1846年，德国的加勒发现了海王星，发现太阳到海王星的距离为30.1AU，这与提丢斯-波得定则计算的38.8相去甚远。1AU约等于1.5×10^8千米，那么8AU就是非常大的距离。提丢斯-波得定则的数列与行星的距离可能只是偶然，但这一定则燃起了天文学家心中的探测欲望，仅仅是发现了小行星就说明该定则引发的探测具有极大意义。科学总是和"偶然"相关联。

小行星是怎么形成的呢？根据提丢斯-波得定则，空白的位置上应该有一颗单一行星，但实际上却发现了一个小行星带，科学家们便认为这些小行星是由一个大行星分裂而成的。但问题是一颗行星被什么样的力量击碎了呢？听起来像是这么回事儿。但太阳系在形成过程中，没能成长为大天体的小天体在天空中浮游的假说，已经被人们广泛接受。如此看来，小行星就成为研究太阳系形成初期与现存行星之间关联的纽带，是重要的研究对象。小行星的存在能让我们看到，早期太阳系中的物质在形成行星时所留下的痕迹。

那么，是什么形成了小行星的聚集带呢？不是全部小行星都位于小行星带。唯独在火星和木星之间形成小行星带的主要原因是木星巨大的引力。木星的引力扰乱了小行星的轨道，使它们相遇，妨碍它们成长为行星。具体而言，小行星带中有小行星密集区和没有小行星的区域。没有小行星存在的区域被称为柯克伍德空隙。该空隙也受木星引力影响，公转周期分别位于木星公转周期的 1/2、1/3、1/4、2/5 和 3/7 的位置时，该区域没有小行星。反之，在公转周期比是 2/3、3/4、1 的区域聚集着小行星，形成小行星群。其中，最有名的是与木星公转周期一样，分别位于木星轨道前方和后方 60° 位置上的特洛依小行星群。此外，在公转周期比是 3/4 的位置上有图勒小行星群，2/3 位置上有希尔达小行星群。

以公转周期分类的小行星的种类

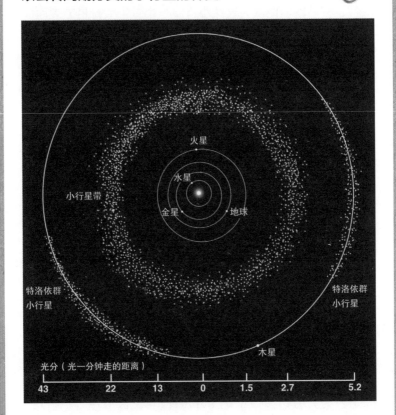

木星公转轨道的前面和后面有特洛依群小行星

可根据小行星的构成物质对其进行分类。科学家们通过研究其表面的反射光谱，寻找到小行星构成成分的端倪。根据小行星的光谱形态，将其分为 C 型、S 型和 M 型。大部分小行星都是 C 型，反射率低。C 意味着小行星的构成成分中包含碳。第二多的小行星是岩石质的 S 型小行星，比较明亮，S 意味着含有硅化物成分的石质。M 型小行星主要含有铁或镍等金属成分。

一些宇宙飞船题材的电影，总是会描写在小行星带遭遇危机的场面：以极快的速度朝宇宙飞船前进、威胁着宇宙飞船安全的小行星不止一两个。虽然电影中总是出现这样的场景，但实际上在小行星带不容易碰到小行星。更准确的表述应该是宇宙飞船不仅不用担心被碰撞，还要主动去寻找才能碰到小行星。小行星带存在着 75% 的小行星，但数十万个小行星分布的区域过于广泛，所以碰到小行星并不是一件容易的事情。实际上，"伽利略号"和"卡西尼号"也没有碰到人们担心的与小行星的碰撞事件。从宇宙探测器的立场上来看，这是多么幸运的事情啊！我们真正应该担心的应该是朝地球飞来的小行星。在电影《天地大冲撞》与《世界末日》中，主人公预测到小行星会与地球发生碰撞，为改变小行星的轨迹想尽办法。小行星碰撞不只是电影中才有的事情。6 500 万年前造成恐龙灭绝的原因就是小行星碰撞地球。有很多关于未来小行星碰

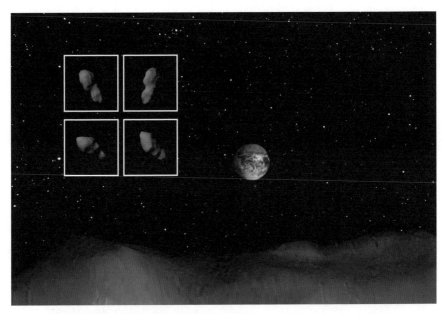

小行星图塔第斯 2004 年来到距离地球 1.6×10^6 千米的地方，预计它会来到距离地球 9×10^5 千米的地方。图塔第斯每 4 年一个周期靠近地球，被归入可能会与地球相撞的小行星之列

撞地球的看法，如果碰撞发生在 21 世纪 30 年代，那么留给地球人的时间并不多了。科学家们为应对碰撞，进行了多种多样的研究，2005 年 1 月发射的宇宙探测器"深度碰撞号"就像电影中描述的一样，飞行了 4×10^8 千米后与彗星"坦普尔 1 号"相撞，造成了彗星体积减小。如果这些研究能够在以后有可能发生的冲突中拯救人类的话，人类就可以免遭恐龙的悲剧，避免我们被后代当作化石而发现的命运。

柯伊伯带

柯伊伯带是1951年美国天文学家柯伊伯用于指称彗星发源地的集合体的名词。柯伊伯带从海王星的外侧开始一直延续到其外30~50AU的地方。起初，柯伊伯为了说明突然造访的彗星来自何处，提出存在一个假想的天体集合体的看法。

此前，人们认为所有的彗星都来自奥尔特云。但观测结果显示，短周期彗星与长周期彗星的轨道不同，它的倾斜角为0°，轨道接近于椭圆形，与行星轨道的形状类似。长周期彗星来源于太阳系之外。推测在距离行星较近的地方，有一个提供短周期彗星的场所。太阳系形成初期，行星形成完毕后，剩余的天体形成一个集合，在海王星轨道外围绕行星转动。这些天体受行星引力的影响，轨道呈椭圆形。代表性的短周期彗星哈雷彗星的轨道面与行星的公转面相似。柯伊伯带的发现改变了人们原本以为冥王星（现在编号为134340的矮行星）就是太阳系尽头的认识。

在柯伊伯认为柯伊伯带存在的当时，观测技术不够发达，实际上并没有设备能让人们看到柯伊伯带，而现在已经发现了数十个柯伊伯带天体。20世纪80年代到90年代，人类不断探索柯伊伯带。自从1992年发现第一个柯伊伯带天体以来，第二年人们又发现了 5 个，此后每年都能发现 10 个以上的柯伊伯带天体。被称为矮行星的天体，除谷神星外，都运行于柯伊伯带。这些天体全都位于海王星轨道之外，拥有同样的公转面。直径为100~400 千米，比直径是 2 300 千米的冥王星小得多，比哈雷彗星大得多。

但要说柯伊伯带是短周期彗星的"储存基地"，还有两个方面需要确认。第一点，柯伊伯带的天体必须进入海王星轨道内侧，才能成为彗星。那这样就应该观测到柯伊伯带天体在海王星轨道内外来回移动的现象。1977 年发现的冥卫一证明了这一学说。冥卫一第一次被观测到时，被归入小行星之列。但后来的观测发现，冥卫一的轨道经过小行星带、土星、天王星之间，上面还有尘埃喷发现象，这样的天体被称为半人马天体。半人马是希腊神话中半人半马的怪物，以半人半马为名，象征着该天体半小行星半彗星的性质。柯伊伯带的天体们受海王星引力影响，进入外行星区域，成为半人马天体，然后再进入内行星区域，成为短周期彗星，这一假说因此具有了说服力。

第二点是半人马天体与彗星之间的大小差异很大。半人马天体大小在 100 千米左右，而彗星则在 15 千米左右。半人马天体在成为彗星之前需要被分裂，但至今还没有找到"分裂"的相关证据，也就不能对此进行说明。柯伊伯带是短周期彗星的储存基地这一假说，如果要获得说服力，就需要发现 100 千米的巨大彗星，或阐明半人马天体在变成彗星的过程中分裂变小的过程和理由。

人类从 2006 年开始了新的探索。美国国家航空航天局发射的"新视野号"2015 年左右靠近冥王星和冥卫一，2020 年左右靠近其他的柯伊伯带天体。柯伊伯带的天体很可能保留着太阳系形成初期的物质，这些物质如被证实，就会成为间接探明太阳系形成过程的线索。人们对探测柯伊伯带天体充满期待的原因就在这里。

彗星

彗星在韩语中被称为"扫把星"，在古代象征着凶兆。它们不像其他天体一样有规律地出现或消失，而是在某一夜突然出现，拖着长尾巴划过夜空。因此，人们把不知是何原因出现的彗星当作战争、瘟疫等灾难的前兆。它们看起来美丽惊艳，却又被认为预示着灾难。有关彗星的记录，可以追溯到古希腊大学者亚里士多德所著的《气象学》。[1]直到 16 世纪末，丹麦天文学家第谷才测定了彗

---

1 事实上，最早对彗星的可信准确记录，是中国的《春秋》，在鲁文公十四年，"秋七月，有星孛入于北斗"。亚里士多德是西方第一个准确记录的，甚至美索不达米亚也有早于亚里士多德的记录。——编者注

1986 年，欧洲发射的"乔托号"探测器拍下的哈雷彗星的彗核与尾巴，彗核形状像土豆一样，长约 15 千米。当哈雷彗星靠近太阳时，远离太阳的那端会产生尾巴

星的视差，证明了它是天体的一种。后来，英国天文学家哈雷计算出了彗星的周期，预测了其下次出现的时期，证明了彗星是太阳系的成员。1705 年，哈雷认为 1531 年、1607 年、1682 年出现的彗星是同一颗，并预测这颗卫星会在 1758 年再次出现。1758 年，这一彗星果然再次出现，当时哈雷已去世，人们就把这一彗星命名为"哈雷彗星"。人们由此不必再担心彗星的出现会带来灾祸。哈

雷彗星每76年出现一次，1910年和1986年分别出现一次，人们观测到它有冰覆盖的彗核和尾巴。2062年，人们可以在地球上再次观察到哈雷彗星。

彗星是由冰和宇宙尘埃组成的天体，它在轨道上行驶到距离太阳近的时候，受太阳辐射和太阳风的影响，彗核中的挥发物质蒸发，就会散发出大量的水蒸气和尘埃。这些水蒸气和尘埃受彗星本身的速度和太阳风的影响，使其在反方向形成尾巴，彗星被称为"扫把星"就是源于此。实际上，彗核的直径有几百米到数十千米，而彗尾有数千万千米。它会拖着长尾巴划过夜空。

彗星靠近太阳出现长尾巴，就要失去大量的尘埃和冰，彗核提供这些物质。大部分彗星直径在15千米以下。每次表面物质蒸发，尘埃脱离后，它的核就会变小，当冰和尘埃全部消失，彗星也就失去了生命。实际上，以76年为周期的哈雷彗星在靠近太阳上千次后，也会结束自己的生命。也就是说，哈雷彗星的寿命可能不足8万年。

我们用肉眼不仅可以看到哈雷彗星，还能看到其他彗星。1996年，百武彗星造访地球。1997年，海尔-波普彗星展现了最亮的样子。2012年，我们观测到了本世纪第一颗彗星，被命名为ISON的彗星以77 000千米的时速朝太阳飞去。天文学家们推测该彗星距离太阳最近时，其尾巴长度会达到1 165 000千米。该彗星比哈雷彗星小，但靠近太阳时，因为惊人的速度而显得非常亮，它非常近地掠过了太阳表面，人们一度期待它能上演本世纪最炫的宇宙秀。不过，本以为可以用肉眼观测到的该彗星辜负了人们的期待，它在2013年12月绕着太阳运转时结束了生命。考虑到总是有新彗星出现，人们推测在某个地方藏有很多彗星，那么，一颗颗朝太阳飞行、带着尾巴吸引我们视线的彗星到底从哪儿来呢？

人们推测公转周期为200年以上的长周期彗星存在于围绕太阳转动的奥尔特云中，公转周期为200年以下的短

韩国历史中的彗星

《三国史记》中记载公元前49年观测到了彗星。朴赫居世九年春中记载"有星孛于王良"，这里的"星孛"就是彗星，"王良"就是仙后座附近。在《高丽史》《朝鲜王朝实录》中也有关于彗星的记录。1456年，即世祖二年，哈雷彗星出现，几天后，端宗试图复位的计划遭到密报，成三问、李恺、朴彭年等"死六臣"被处死。此后，一旦有彗星出现，朝鲜的王们就把它当成有谋逆或叛乱的征兆。1759年，英祖三十五年春，朝鲜的天空中又出现了彗星（该彗星由天文学家哈雷计算出其周期，预测其1758年年末再次出现）。英祖命令天文学家安国宾观测彗星，安国宾记录了彗星的坐标、位置和尾巴的方向。但当时朝鲜天文学无法达到科学的水准，仅仅被当作对王的德行的道德解释。英祖认为彗星指示的方向会有灾难，他认为这是由于自己没有德行而导致的现象。

在智利拍摄到的彗星洛夫乔伊。该彗星相对较小，它靠近了太阳，人们预计它经过太阳日冕时会消失，然而它神奇地存活了下来

周期彗星来自柯伊伯带。来自奥尔特云的彗星距离太阳太远，受太阳的影响较小，它们慢慢地向太阳移动，距离太阳越近，速度越快，轨道呈抛物线或双曲线。来自柯伊伯带的彗星，就位于海王星轨道外的边缘地带，距离木星和土星较近。它们受太阳系引力场牵引，具有与行星相似的椭圆形轨道。

人类为探测彗星，向太空发射了国际彗星探测器（美国）、"韦加号"（苏联）、"彗星号"（日本）、"先驱者号"（日本）以及"乔托号"（欧洲）。最近发射的一个彗星探测器，是2004年欧洲航天局发射的"罗塞塔号"。

"罗塞塔号"在 31 个月的"冬眠"中，朝着楚留莫夫-格拉希门克彗星（代号为 67P）出发，2014 年打破冬眠状态，开始活动。在不久的将来到达该彗星时[1]，"罗塞塔号"会派机器人着陆在其表面，对其进行精密探测。该彗星于 2015 年 8 月靠近近日点，"罗塞塔号"计划一直观测到该彗星喷出水蒸气和尘埃之时。彗星是由构成原始太阳系的物质组成的，它被推测是地球上水和生命的源泉。所有的疑惑都将随着"罗塞塔号"的彗星探测而得到解答。"罗塞塔号"担负着绘制彗星表面地图，确认其重力、质量、形态和构成物质等任务。通过有机物分析，探测器还能确认是不是彗星给予了我们生命之源。人类如此期待的答案是会足以惊人，还是会再次令人失望，让我们拭目以待吧！

奥尔特云

荷兰天文学家奥尔特在观测绕太阳一圈需要 200 年以上的长周期彗星时，发现了几个有趣的现象。第一，彗星有自己的轨道围绕太阳转动。如果彗星是从太阳系外面偶然进入太阳系的话，那么它就不会拥有轨道。彗星的轨道是在太阳系引力场范围内形成的，这说明它们是太阳系的

1　目前"罗塞塔号"已经到达。——译者注

太阳系的构成图

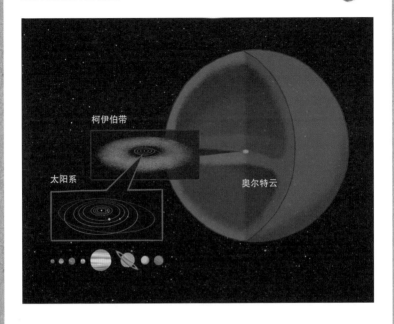

太阳系外缘有柯伊伯带，还有球状的奥尔特云环绕着

一部分。第二，彗星轨道的远日点与从太阳到太阳系边缘地带的距离类似。这说明彗星是从与上述地带距离相似的位置出发的。最后，彗星出发的地方不是特定的。它们环绕太阳的距离相似，从四方朝太阳飞来，这说明它们受太阳引力的影响小，可能来源于某一个环绕太阳的天体集合体。以这些观测现象为依据，奥尔特认为在环绕着太阳系

的巨大空间中，有一个区域可持续提供彗星。该区域就以他的名字命名为奥尔特云。

　　人类在长达 100 年的时间里对长周期彗星进行了研究，但因为无法对其进行观测，所以有关奥尔特云的存在还只是一个假说。据推测，奥尔特云在距离太阳 1.6 光年的地方，距离我们实在太过遥远。它的存在是通过对彗星轨道的半长轴和倾斜角的分析进行的假设，难以对其进行直接观测，但很多天文学家都承认它的存在。

　　由星际物质组成的奥尔特云的主要成分是氢和氦。奥尔特云中有彗星的核。人们推测那里有数千亿到数兆个天体。地外行星形成后，剩余的无数小天体受到外行星——特别是木星——的摄动后飞散出去，太阳引力勉强捕捉住了它们。受周边恒星的影响，它们进入太阳系内部，成为彗星。属于奥尔特云的彗星包括长周期彗星和短周期彗星。与周期为 200 年以上的长周期彗星不同的是，非周期彗星划出抛物线或双曲线轨道后消失。

　　奥尔特云距离我们实在过于遥远，以后进行直接观测也不容易。它是许多彗星的故乡。虽然现在奥尔特云仍是一个假想的空间，但我们期待随着科学技术的进步，对它的探索会变成现实。

摄动
行星轨道受其他天体引力的影响，脱离或偏离其原本的椭圆形轨道的现象。

飞向宇宙的 "旅行者 1 号"

"旅行者 1 号"是人类向太空发射的到达最远地方的宇宙探测器之一。比"旅行者 1 号"早 16 日发射的"旅行者 2 号"与"旅行者 1 号"是双胞胎探测器。在此之前发射的"先驱者 10 号"和"先驱者 11 号",与"旅行者 1 号"和"旅行者 2 号"一样,是朝不同方向飞去的探测器。"先驱者 10 号"和"先驱者 11 号"与地球失去了联系,但仍然在宇宙空间中航行。

一般宇宙探测器用太阳能电池板制造电力。但一旦进入太阳能极低的地方,太阳能电池板就失去了用武之地。从这时开始,"旅行者 1 号"就开始使用放射性同位素衰变以获得能量的放射性同位素热电机(RTG)来发电。令人惊讶的是,"旅行者 1 号"上搭载的热电机超出了预计的寿命,在发射 36 年后依然在发挥作用。随着"旅行者 1 号"中携带的钚燃

早期探测器的移动路径

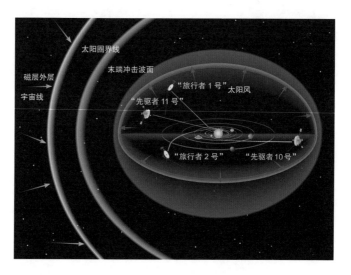

太阳圈界线
末端冲击波面
磁层外层
宇宙线
"旅行者 1 号" 太阳风
"先驱者 11 号"
"旅行者 2 号"   "先驱者 10 号"

在地球上不同方向发射的"旅行者 1 号"和"旅行者 2 号"、"先驱者 10 号"和"先驱者 11 号"的移动路径。"先驱者 10 号"和"先驱者 11 号"与地球断绝了通信,不知道它们现在是否还在工作,但"旅行者 1 号"和"旅行者 2 号"至今还在工作

料燃尽,预计到 2025 年,它将和地球失去联系。

"旅行者 1 号"原计划探测木星和土星。它于 1979 年 1 月靠近木星开始拍摄照片,最接近木星的时候是 1979 年 3 月 5 日,这时,它来到了距离木星中心 349 000 千米的地方,拍摄到分辨率很高的观测照

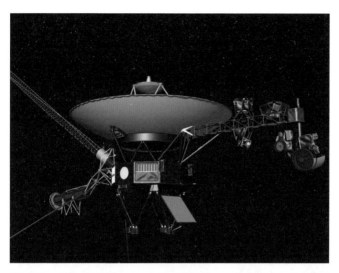

"旅行者 1 号"的结构图。1977 年发射的重 722 千克的无人宇宙探测器 "旅行者 1 号"上搭载了当时最先进的电脑。它成功完成了计划中的木星和土星的探测，现在正在脱离太阳圈去执行新任务

片。结束对木星的观测后，"旅行者 1 号"又前往土星，于 1980 年靠近距离土星表面 124 000 千米的区域。"旅行者 1 号"探索了土星环的结构，调查了土星和土卫六的大气，之后结束了自己的探测任务。主要任务结束后，"旅行者 1 号"又被赋予了探测太阳风和星际物质的新任务，持续进行宇宙探索。

2013 年 9 月 12 日，传来了"旅行者 1 号"碰到

1990年，"旅行者1号"拍摄到的照片，位于中间的白色点就是地球。美国天文学家卡尔·萨根指着照片上的这一点，将其命名为"暗淡蓝点"

了新情况的消息。美国国家航空航天局宣布"旅行者1号"脱离了太阳圈。这意味着人类制造的物体第一次脱离了太阳圈（太阳风不能影响的领域），进入了新的领域。现在"旅行者1号"所在的位置是"磁场高速路"。这是太阳圈的磁场与外部磁场相接的地方，是磁场高速运动的地方。这里的环境与太阳圈内部完全不同。"旅行者1号"已经到达了这里。

6

寻找生命体

生命可生存的地方

我忽然产生了一个想法。当那个生命体给未知的对象发送信号时，有没有想过自己发出的信号经过 20 年才有人解读？我发送了数十天的信息有没有到达它那儿，它有没有正确解读这些信息？我也无法预知它解读这些信息需要多长时间。那这就说明它不存在吗？

我们经常认为，一些没有发现的事情就不存在，这其实是个误会。在地球之外还没有发现生命体，并不意味着外星生命不存在。当然，外星生命存在与否，目前都还只有假说，但宇宙科学的进步，使人们离发现和证明外星生命存在的目标越来越近。不过，我没有把它的求救信号当作外星生命存在证据的意图。

人们一直在努力寻找外星生命。人类在探索无穷宇宙时，发现自身太过渺小，逐渐理解宇宙诞生的原理，探索生命的起源，寻找适合生命居住的条件，对生命的定义也逐渐脱离了人类自我中心主义。我最后一次向它发送的信号，就体现了人类的这种努力。人类也在努力证明自己不是浩瀚宇宙中孤独的生命体，希望这样的努力能得到它善意的解读，希望它不会敌视我们。

生命体可生存的条件

经过长久的研究、观测和探索，在太阳系中我们唯一证实存在生命体的就是地球。地球上已发现的生命体大约 160 万种，我们尚未发现的生命体可能还有数千万种。太阳系中有 8 颗行星，有名字的卫星有 160 余颗。即便是与地球有"双子星"之称的金星，其表面温度就超过480℃，是一个火热的星球，而我们原先预计可能会有火星人存在的火星又是一个冰冻的星球。为什么在这些星球中，地球是唯一有生命体的星球呢？

行星如果想像地球一样有生命体存在，需要具备什么样的条件呢？首先，周边需要有能够给生命体生存提供充足光能的恒星（比如太阳）。其次，还要与恒星保持适当的距离进行公转，适当的距离意味着能保持既不热也不冷的适合生命体生存的温度。这一条件还与生命体的生存要

素液态水有关。如果行星的温度太高，水就会全部蒸发为水蒸气，温度太低，水又会冰冻。只有在距离太阳系0.95~1.37AU的一段非常狭小的空间里有液态水存在。这里被称为"可居住区"，地球就在这个区间内公转。行星拥有适宜的质量也是重要前提，该条件与大气相关。如果地球质量过小，引力也会变小，大气就会消失；反之，质量过大，引力变大，大气增厚，气温就会上升。行星上生命体生存的这些条件被称为宜居条件。

为什么液态水很重要呢？比地球更热，表面没有大海或液态水的行星，就如同沙漠一样干燥，没有可以发生反应的介质环境。没有水，就没有碳、氧气、微量元素等原子，就无法生成构成生命体诞生的基本化学物质的分子。反之，比地球冷的行星上只存在冰状的水。在冰冻的星球上，原子和分子有可能进行相互作用，也可能进行运动，但无法形成生命所必需的化学物质。液态水是生物化学作用的重要自然溶媒，是生命体生存和进化的条件。水是使生命体诞生的最适合的物质。

当然，不是有液态水的可居住区，生命体都很发达。要想发展成像地球一样复杂的生命体，还需要具备很多因素。行星要具备能保持自己不受太阳风巨大影响的磁场，有能进行适当的温室效应以保持温度的大气。以地球为例，由于其公转轨道外的木星具有强大的引力场，地球能免于小行星和彗星的碰撞，同时受其卫星月球的引力作用，地球具有稳定的自转轴倾角，避免了地球气候的剧烈变化，所有这些都促使生命体产生并不断进化。

但不是地球上所有生命体都必须要有液体水和太阳能才可以存

宜居条件

"宜居条件"一词源于英国童话《金凤花姑娘和三只熊》。迷路的金凤花姑娘看到熊妈妈熬好的三碗粥，一碗是烫的，一碗是凉的，一碗温度刚刚好。金凤花姑娘喝了这碗原本为小熊准备的温度刚刚好的粥。"宜居条件"就源于这里的"不太烫也不太凉，正合适的温度"。

管虫是在极端环境中生存的极地生物代表

活。有的生命体打破了所有生命体都需要太阳能的常识。一种被称为管虫的生物，小的非常小，大的则有数米，具有和人类似的体液。管虫栖息在海底环形山，这里完全不见阳光，热液喷口温度高达340℃，同时，还有有毒的硫黄喷出，几乎就是沸腾的酸性溶液。管虫拥有把硫黄转换成能量源的细菌，在一丝阳光都没有、看似无法生存的极端环境中，通过吃硫黄生存。

最近，在热液喷口附近，除了管虫外，人们还发现了螃蟹和海葵等熟悉物种的新种类，这些发现给人类以重大启示。在人类原本认为生命无法生存的地方发现了生命体，这给人类探索外星生命体打开新的一章。尽管很久之前，人们已经放弃了在与地球类似的行星上寻找与我们相似的生命体的愿望，但随着碳基生物利用太阳光获得能量这一规律被打破，更多的空间中可能会有不同的生命形式存在。当然，在宜居区有生命体存在的可能性最大。

陨石里面的生命痕迹

大部分陨石来自位于火星和木星之间的小行星带。小行星相互碰撞，产生的一部分残骸降落到地球上，形成了陨石。人类在飞行了 4×10^8 千米来到地球的陨石中发现了有机物。1969 年，科学家在坠落于澳大利亚默奇森镇的陨石中发现 16 种氨基酸。其中有 11 种地球上也存在，另外几种是不存在的。拥有地球上不存在的氨基酸，说明陨石的有机物来源不在地球，那就说明地球之外也有有机物存在。地球之外存在更为多样的有机物，说明地球的有机物有可能来自外星。那么，地球的生命体是不是被陨石或彗星携带而来的呢？

还有一个令人惊异的事实。1984 年，科学家在南极阿兰山发现的陨石 ALH84001 来自火星，该陨石中含有火星

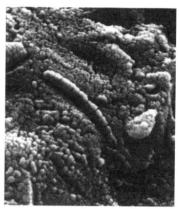

来自火星的陨石 ALH84001（左）。这颗 10 厘米大小的陨石引起了巨大轰动。右侧照片是利用电子显微镜观察到的蚯蚓状的纳米化石

细菌化石，这说明火星中可能存在过古代微生物，它提供了有生命体存在可能性的三个证据。第一，该陨石携带芳香族化合物。芳香族化合物产生于微生物腐败之时。第二，该陨石中发现了碳酸盐，含有能制造出与地球细菌类似的磁铁。第三，发现了像蚯蚓一样的纳米化石。当然，对该化石到底是不是生命体痕迹这个问题，人们众说纷纭。反对者称碳基芳香族化合物可以不在生物学过程中产生，它的体积不足以说明它是生物化石。

历史悠久的假说：有生源说

地球最早的生命体是海里的氮化合物聚集形成有机

物，从中诞生了原始生命体，这是目前广为人知的定论。但也有假说认为，地球的生命体来自外星。支持这种有生源说的假说的科学家们认为，宇宙中浮游的小生命的种子乘坐陨石来到地球，进化为今天的生命体。

主张有生源说的人提出的证据就是时间。从时间上来看，地球给生命体产生的时间不够充分。氮化合物能繁殖成细胞几乎可以说是奇迹，让它自发形成生命，46亿年的时间显然太短。尤其是地球生成初期到第39亿年，地球上各种碰撞不断，当时的地球环境非常恶劣，不适合生命体诞生。即便是人们又认为地球温度快速降低，形成了大陆和海洋，之后诞生了生命体，那么，数亿年的时间也是远远不够的。那说明可能是已经诞生的生命体在地球变得适宜生存之后才来到地球，然后在地球上逐渐实现进化，所以有生源说解决了时间上的问题。

当然，也有很多人不同意有生源说，理由是如何证明生命体的种子强大到可以在宇宙空间中旅行。不过，人们也知道附着在阿波罗宇宙飞船表面的细菌在地球和月球之间飞行时，依然存活了下来。我们必须承认，即便不是所有微生物，也至少有一小部分微生物的生存能力远远高出我们的想象。

一部分学者指出，生命体从火星上乘坐陨石来到了地球。火星距离太阳远，应该比地球更早进入了稳定状态，

原始地球

它上面可能首先产生了生命体。火星在冰冻之前，上面可能有活跃的生命体活动。就像人类想象在地球环境急剧恶化时，我们可以移居到别的行星一样，可能火星上的一部分生命体移居到了地球。

有生源说没有得到广泛的认可，但也不能排除其可能性。天文学家们也不会放弃有生源说。根据有生源说的主张，像地球这种有生命体的天体可能存在于宇宙各个地方，也就是说不止一两个地方像地球一样拥有有生命种子，那些生命可能在自己生存的环境中繁衍生长。它们可能和地球生命体大不一样，已经进化成更多样的形式。一

旦否定了有生源说，这种期待就会随之消失。

　　验证有生源说并不容易。科学家们调查来自宇宙的陨石时，总是会发生各种有关生命体的争议。地球上存在着极地生物等特殊生命体，以后我们可能也会遇到从未预想过的生命形式。

对火星和金星的期待

　　我们在其他行星上寻找生命体时，首先考虑的是液态水是否存在。水星距离太阳太近，所有的水都蒸发了，距离太阳很远的土星光环也冻得结结实实的。那么，在很久以前，金星和火星上是不是有水存在呢？它们会不会是生命体的起源呢？

金星是地球的双子星，两者物理特性类似，还是近邻，在探测金星之前，人们不仅认为那里有生命体存在，还认为那里资源非常丰富，是适合生存的第二地球。40亿年前，金星形成之时可能有过海洋。但大气中的温室气体浓度升高，大气温度变高，金星表面的水蒸发，水蒸气填满了大气，又进一步加剧了温室效应。地球上温室效应的罪魁祸首——二氧化碳，大部分和陨石进行了化学结合，金星最初也是如此。但岩石的温度越来越高，离开大气，这进一步加速了温室效应。这样的恶性循环使金星的表面温度超过了480℃，大气压是地球的90倍以上，生命体即便存在，也全都被压得扁平。金星不仅连铅都能熔化的炽热表面压力巨大，还酸雨肆虐，环境极为恶劣，这让生命体的生存变得不可能。

那么，火星的情况如何呢？以通过望远镜看到的火星表面为依据，人们创作了不少火星人的小说或电影，但火星探测却总是让我们失望。1965年，"水手4号"发送的照片显示，火星表面没有人类想象的火星人挖掘的运河。1976年，"海盗1号"和"海盗2号"携带在火星表面采集到的土壤进行了生物学实验，没有发现有机物。

对于火星生命体的探索到此好像告一段落，但20年

后的 1996 年，人们在来自火星的陨石中发现了古代微生物的痕迹。2008 年，"凤凰号"在火星表面着陆，挖开火星土壤后，发现下面有冰。在采取这些冰冻的土壤进行解冻的过程中，发现了水。在地球南极冰川中也有生命体存在，那么在这些冰冻的火星土壤中可能也有生命体存在。火星表面有明显的水流动的痕迹。现在虽然是冰冻状态，但过去可能曾经有水流过，往地下深挖，可能还会有液态水。在火星大气中，还发现了非常少量的甲烷，甲烷的量会随着季节的变化而变化。在气温升高的夏天，甲烷量增加。人们推测可能有生命体在冰封之下，夏天温度上升，水中生命体逐渐活跃，就向大气中释放甲烷。按照地球大

气中有生命体释放甲烷的道理，火星中是否也有生命体
呢？水的痕迹、土壤之下的冰以及甲烷气体的发现，使人
类对火星生命体的期待又一次高涨起来。在地球南极极寒
的冰川中也有微生物存在，那么直接断定火星上没有生命
体是一种莽撞的行为。在火星上发现哪怕是特别微小的生
命体，也称得上是壮举，火星会因此成为地球外环境中第
一个存在生命体的行星。那么，它真的会成为生命体探测
中具有划时代意义的天体吗?

木卫二、土卫六和土卫二的可能性

现在，让我们来看一下卫星。木星牵引着很多卫星，其
中最令人瞩目的是木卫二。太阳系中大部分卫星上都有碰撞
坑，表面斑驳，但木卫二被冰覆盖，非常光滑。木卫二的表
面温度为-160℃，这样冰冷的地方会有生命体存在吗?

木卫二环绕木星的公转轨道是椭圆形的，有靠近木星
的时候，也有远离木星的时候。位置不同，会引发引力变
化。受引力影响，木卫二反复膨胀和收缩，内部产生运
动，形成热量。在行星中，这种现象被称为潮汐热。在木
卫二冰冻的地表下面，受潮汐热影响，可能有融化的水存
在。有充足的证据可以推测冰层下面发生的事情。仔细观
察木卫二表面，会发现很多裂纹，这些裂纹会不断变化，

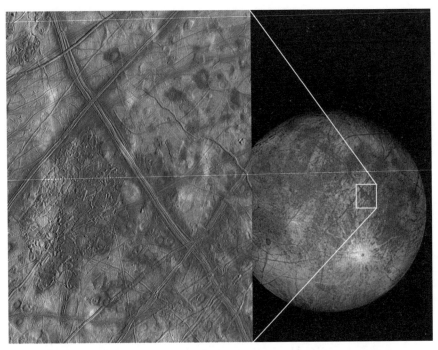

木卫二的表面有多次分裂又组合在一起的痕迹，也有一些红色斑点，推测可能是微生物的痕迹

或被拉长，或缩小。测定木卫二的磁场，可推测冰下面至少有 100 千米深的大海。也就是说，在木星的小卫星上，有比地球更多的液态水，水量足够生命体生存。尽管木卫二位于太阳系宜居区之外，表面冰封，但人类已在极寒地区发现生命体，木卫二也具有这种可能性。有科学家认为，木卫二表面的红色斑点可能是由微生物造成的，这一主张提高了人们对木卫二有生命体存在的期待。说不定南极大海里的生物也在木卫二的冰下大海里游泳呢。

值得我们注意的另一颗卫星是土星的卫星土卫六（泰坦）。土卫六是唯一拥有大气层的卫星，拥有大量甲烷。甲烷在地球上是气态的，但在-180℃的土卫六上则是液态。这里下甲烷雨，有甲烷组成的湖和河。作为生命体的生存环境来看，液态甲烷可能不如水合适，但液态甲烷可以代替水产生作用。它们至少可以流动或汇集在一起，提供可供有机物结合的环境。因而人们推测在土卫六诞生初期，可能存在与地球类似的环境。人类在地球地下岩层 3~4 千米的地方发现了微生物，可能在土卫六上也能发现微生物。

现在还无法对土卫六表面进行精密的观测。"惠更斯号"探测器在土卫六上着陆，传送回影像资料，但遗憾的是该探测器无法移动。运气好的话，可能会降落在有生命体存在的地区，但仅凭对一个地方的调查就判定土卫六没有生命体，这似乎有些武断。可以认定的是：土卫六与地球初期的形状非常相似。

土卫二也值得关注。在这颗小卫星上发现的间歇泉说明它的地下可能有水。当然，间歇泉喷出的可能不是水，而是其他成分。

生命体居住的地球

我们在太阳系中如此想寻找的生命体，为何只存在于地球呢？即便同意有生源说的主张，承认是外星生命的种子乘坐陨石来到地球，地球也必须具备适合种子繁殖的环境，才能使生命得到蓬勃发展。能够让所有生命体相互融合生存的地球，到底具备什么样的条件呢？

最让我们好奇的，是唯有地球上的生命体如此快速诞生。从宇宙诞生，形成太阳系大概花费了 90 亿年，而仅用 8 亿年地球上就产生了生命体，这相对来说是一个很快的时期。这是怎么成为可能的呢？

我们先来看木星。很遗憾，木星没能成为恒星，只是一颗气态巨行星。地球以太阳为中心转动，外侧受到个头巨大的邻居的保护。在太阳系形成初期，太阳和行星形成，剩余的残骸在太空中浮游。太阳和木星强大的引力场牵引着这些残骸，位于中间的地球因而获得了和平的生存环境。

地球从深受残骸碰撞而遭受混沌和灾难开始，到处于相对安全的位置得以度过较为安静的岁月期间，形成了生命体得以生成的三个条件。第一是能量，它位于距离太阳较为适合的位置，在宜居区进行公转的地球获得能维持适当温度的太阳能。第二是存在能成为生命体起源的有机化合物。有机化合物合成蛋白质，发展成为最初的细胞。第三是有机化合物中有能促进生命诞生的液态物质，也就是有水存在。

具备生命形成条件的地球，处于最适合生命生存的宜居区，能维持生命体获得生存基础的环境。与在宜居区进行公转同样重要的是公转轨道离心率。离心率形象地说，指的是圆的扁平程度，以 0~1 来衡量的话，越接近 1，就越接近于椭圆形。离心率越大，近日点和远日点之间的距离差就越大。行星公转轨道造成温差，极热的时候会融化所有东西，极寒的时候又会让所有东西结冰。地球公转轨道的离心率是 0.017，接近圆，得以维持适合生命体生存的温度。

　　地球自转也有奥秘。地球自转轴的倾斜度不变。受月球引力影响，自转轴的倾斜度一直维持在 23.5°，自转轴固定说明有周期性的季节变化，周期性的变化直接影响生命体生存。对于不断适应环境进化的生命体来说，它们第一次经历的环境可能会威胁其生存。

　　月球引力不仅可以维持自转轴，还可以引起潮汐差，使滩涂出现或消失。温度和水分供给等方面变化多样的滩涂，影响了物种的多样性。

　　另一个重要的因素是大气。如果地球没有大气，生命体就会暴露在剧烈的紫外线中，受到致命打击。没有大气，也无法保障生命体不受陨石袭击。落入地球的陨石如果不经过大气层燃烧而直接落到地球表面，引发的连锁灾害将导致无数生命灭绝。

各种各样的条件交织在一起，使地球具备适合生命体生存的环境，很多不可能与偶然的重叠，才产生了这样独特的环境。重要的是它像宇宙诞生一样，虽然是低概率事件，但却真实存在。同理，在宇宙的某个地方，围绕恒星转动的行星上可能存在我们没有见过的生命体，可能也有适合生命生存的土壤。所以，人类才一直寻找与地球类似的行星。

超级地球——可以居住的系外行星

超级地球也像地球一样，由岩石组成，质量是地球的2~10倍。超级地球是固体行星，这一点与地球类似，但质量比地球大，地表重力是地球的2~3倍。与质量相似的天王星或海王星相比而言，超级地球的引力较大。它的质量大，在诞生时拥有大量的内部热量，从地质学来说，比地球活动更活跃。宇宙实在太大太远，发现超级地球好像并不容易，但现在看来，这也不是什么神奇的事情。我们生活的银河中有1 000亿颗恒星，其中17%以上的恒星中至少有一个超级地球。这意味着超级地球"候选人"多达170亿个。即便其中只有30%是超级地球，那数量也极为可观。

在迄今发现的超级地球中，距离地球最近的一个是

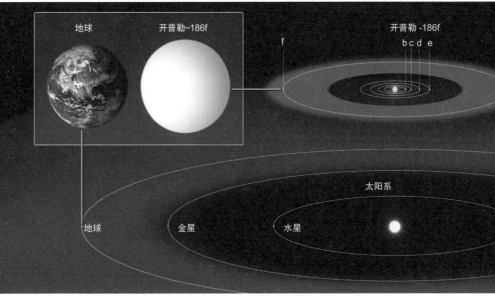

太阳系中地球的位置与开普勒–186 系中开普勒–186f 位置的比较

HD10700e。它距离地球约 12 光年，围绕"天仓五"恒星转动，因与地球最形似而闻名的超级地球是 KOI172.02。像日地距离一样，它也与其恒星维持一定的距离进行公转，它的体积是地球的 1.5 倍，与地球最为相似。

　　探索超级地球的科学家们最关注的是红矮星。其中 6% 的红矮星牵引着与地球类似的行星，距离银

红矮星
质量是太阳的一半以下，用于核聚变的氢元素的量较少，比太阳温度低，光线弱，呈较暗的红色。

河近的恒星有 70% 是红矮星，这是一种常见的恒星，易于观测。

2014 年 4 月，美国国家航空航天局宣布用开普勒望远镜在迄今发现的行星中发现了与地球最相似的一个。从位于银河系天鹅座中的红矮星系（开普勒-186）中发现了该行星，并将其命名为开普勒-186f。它与地球大小类似（是地球体积的 1.1 倍），围绕开普勒-186f 公转，周期为 130天，从母星中获得的热量是地球获得太阳热量的 1/3。研究该行星的天文学家们认为它与有生命体存在的地球大小相似，表面由岩石组成，有水，也非常有可能有大气。在观测技术更加发达的未来某一天，更先进的仪器可能会传回在开普勒-186f 上发现有智力的生命体存活的照片。

对超级地球的探索和研究之所以升温，是因为地球生命是有限的。太阳在慢慢变老，月球在逐渐远离地球，地球上的环境也越来越差，这样的环境变化会威胁人类生存。利用现有的科学技术向超级地球移民显然还不现实，但从人类开始宇宙探索到今天的发展状况来看，完全没必要放弃这一愿望。如果超级地球被证实是与地球相似的生命体存在的地方，那么真可以称得上是史上最大的超级事件。

我的信息传送到此还没有结束。20 年之后才得以解读的求救信号，我无法预测我传送的信号什么时候才能到达它那里，抑或错误地传递给了别人。现在位于宇宙某个地方的它和我其实是一样的，就像卡尔·萨根在《宇宙》中所言："我们都是星尘。"所有星体的诞生和消亡所形成的氢、氧等元素是组成我们身体的要素。宇宙大爆炸开始时出现的宇宙可能就蕴含着生命体，这些生命体各自以不同的面孔，存在于宇宙的某些地方。

迄今，我传递给它的有关太阳系成员的信息，只剩下最后一点。这些有关太阳系的信息可能在某一天会发生变化。作为一名科学家，我在长久的生活中感受到，不是科学这门学问所具有的特殊性使科学获得了发展，而是人类的探索、人类为理解宇宙原理而付出的努力和研究，才使科学得到了发展。某一天，我们的探索可能会与外星生命体在探寻生命的旅程中相遇，到那时，科学就会获得飞跃性发展。这一飞跃性发展的基础，就是我们与祖先走过的悠悠历史。

我相信人这种生命体不一定是宇宙所有生命体中最高级的智慧生命体，也不一定是把浩瀚宇宙装入自己大脑的唯一生命体。因此，以人类为中心来思考宇宙，最终会使自己陷入荒诞的境地。

开普勒太空望远镜，寻找第二个地球

　　我们生活在地球上，地球是太阳系八大行星之一，太阳系位于银河系中，而银河系中有数千亿个与太阳系类似的恒星系，我们生活的银河系也是宇宙数千亿个星系中的一个。这些星系聚在一起，形成星系团，星系团又是浩瀚宇宙中的微小组成部分。宇宙如此恢宏美丽，我们岂能放弃探索？我们现在探索的领域不过是浩瀚宇宙中极其微小的一部分，就像在地球上有人类生活是一种偶然，可能在浩瀚宇宙的某一个地方，也存在与我们类似或我们想象不到的有智力的生命体。

　　2009年3月，寻找与地球相似的系外行星这一计划启动。用德国天文学家开普勒的名字命名的开普勒太空望远镜搭载在德尔塔–2型运载火箭上，被发射

开普勒太空望远镜。是发现银河中有生命体生存行星的太空望远镜，是史上像素最高的望远镜

到太空。开普勒太空望远镜在距离地球6 500万千米的地方绕着太阳轨道运转，捕捉宇宙中围绕恒星公转的行星经过恒星时，恒星发生微量闪烁的短暂瞬间，以此寻找与地球类似的系外行星。

2010年，发现了在恒星周围公转的132颗系外行星。2013年，发现了有生命体居住可能性高的超级地球2颗。2014年2月，通过开普勒太空望远镜又发现了715颗新行星。在这715颗行星中，95%的行星比海王星小，体积是地球的 2/5 倍，它们在各自恒星宜居区的轨道上公转，即其表面温度适宜液态水存在。

迄今通过开普勒太空望远镜观测到的系外行星有 2300 多颗。目前还不知道被发现的行星地表是否有适合生命体生存的环境，是否有适宜的温度。但通过开普勒太空望远镜，我们现在在对 15 万颗恒星进行观测。在不久的将来，人类可能就会在寻找系外生命方面获得好消息。

从大历史的观点
看太阳系的成员们

生活在古代的人通过观测彗星来观察民情，预知灾难或叛乱。明明是与现实无关的自然现象，为什么被赋予了这样的意义呢？因为当时的科技不像现在这么发达。而对于黑暗夜空中会发光，形状位置不断变化的天体的好奇心，先人们与今日已经能够探明造成这些现象的原理的科学家们并无二致，只不过依据古时的知识或信息来理解天体的变化时，通常更像在讲故事——我们可以从神话中找到有关太阳和行星的故事。

在希腊神话中，人们把天地最初混沌的状态叫作卡俄斯，并把它想象成拥有人格的神。从最初混沌状态的卡俄斯，到后来的万物之源，也就是地母盖亚，盖亚孕育了天神乌拉诺斯、海神彭透斯与山神乌瑞亚。这些听起来好像都很不像话，但托勒密的天动说或称地心说也曾经是很多人所接受的宇宙真理。我们在神话和地心说中寻找的不是真伪，而是要关注其中体现的当时人们的宇宙观。从讲故事出发，要经过无数次的确认和探求，才能一步步接近真实，才有可能考证假想和假说的合理性。现在几乎已成为确定事实的科学研究不是一朝一夕形成的，而是历经无数次的验证才能得出结论。科学的发展来自人类在追逐宇宙的起源与生命的胎动时，逐渐解读这复杂的过程，来源于人类试图预测未来的努力。

现在，我们已经知道了宇宙和太阳系是如何形成的。137亿年前宇宙大爆炸，135亿年前物质的基本元素形成，经过了90亿年，前太阳系星云形成，接着迎来一个转换点。这一转换点的出现，源于星云坍缩。收缩的星云转动形成了扁平的圆盘，其中心进行着炽热的核聚变。在尘埃和气体的引力相互吸引下，太阳与行星形成。

太阳系物质中的99.86%构成了太阳，剩余的质量构成了太阳系的其他成员。剩余质量中的99%构成了木星、土星、天王星、海王星，另外的1%构成了类地行星与其他天体。其中就有我们生活的地球。

包括人类在内的生命体，生活在绕太阳公转、与太阳保持合适距离，并拥有液态水和大气的体积适中的坚硬星球上。与宇宙相比，我们的一生不过刹那。我们人类就是这样又小又弱又短暂的生命体。人类无数个刹那的生命相连，探索了宇宙诞生的瞬间，探求着复杂宇宙的结构和大小，理解着无数偶然重合组成的太阳系和生命生存之根本——宜居的地球，并写作了连接宇宙、生命和人类文明的大历史。正在阅读本文的大家，现在也正乘坐在大历史的航船上。

本书的写作已接近尾声。在大历史系列中，除了从20个大问题中找出的10个大转换点之外，可能还会有其他的转换点。在宇宙的某一个地方可能有与我们类似或完全不同的有智力的生命体存在。发现它们之时，双方可能是战争的场面，也可能是相互庆祝各自的认知范围得以扩张的场面。无论是什么转换点，在这浩瀚宇宙中，我们不是孤独的存在，我们最终会找到共存的方法。为此，我们必须了解人类走过的大历史。我们不仅是一个家庭的成员，是一个国家的公民，也是地球上的智慧生命体，也是太阳系的成员，更是宇宙的成员。希望大家在阅读本书的时候，能把自己定位成宇宙的一分子。

2014 年 8 月

金孝珍 鲁孝真